高等职业教育"十三五"规划教材(电子信息课程群)

C 语言程序设计项目化教程

主　编　彭琦伟　周　威

副主编　刘妮玲　邱洪涛

主　审　熊　辉　代子静

中国水利水电出版社
www.waterpub.com.cn
·北京·

内 容 提 要

　　C 语言是一种实用并且得到了广泛应用的程序设计语言，具有功能强大、使用灵活、可移植性好的特点，既具有高级语言的指导性优点，又具有低级语言的指向性优点；既可用于编写系统软件，也可用于编写应用软件。C 语言的语法规则清晰，便于掌握和记忆，是大多数学习计算机程序设计者的入门语言。

　　本书适用于高职高专院校，亦可供成人函授、远程教育院校相关专业选用，本书共分十一章，主要内容包括 C 语言程序基础，变量、常量和数据类型，表达式与运算符，顺序结构，选择结构，循环结构，数组，函数，指针，枚举和结构体，文件。

　　本书可作为高等职业院校计算机专业和部分相关专业的教材，也可作为全国计算机等级考试及各种培训班的教材，还可作为广大计算机编程爱好者的入门参考书。

图书在版编目（C I P）数据

C语言程序设计项目化教程 / 彭琦伟，周威主编. --
北京 : 中国水利水电出版社, 2018.8（2023.2 重印）
高等职业教育"十三五"规划教材. 电子信息课程群
ISBN 978-7-5170-6757-3

Ⅰ. ①C… Ⅱ. ①彭… ②周… Ⅲ. ①C语言－程序设
计－高等职业教育－教材 Ⅳ. ①TP312.8

中国版本图书馆CIP数据核字(2018)第185371号

策划编辑：杜 威　　　　责任编辑：赵佳琦　　　　封面设计：李 佳

书　　名	高等职业教育"十三五"规划教材（电子信息课程群） C 语言程序设计项目化教程 C YUYAN CHENGXU SHEJI XIANGMUHUA JIAOCHENG
作　　者	主　编　彭琦伟　周　威 副主编　刘妮玲　邱洪涛 主　审　熊　辉　代子静
出版发行	中国水利水电出版社 （北京市海淀区玉渊潭南路 1 号 D 座　100038） 网址：www.waterpub.com.cn E-mail：mchannel@263.net（答疑） 　　　　　sales@mwr.gov.cn 电话：(010) 68545888（营销中心）、82562819（组稿）
经　　售	北京科水图书销售有限公司 电话：(010) 68545874、63202643 全国各地新华书店和相关出版物销售网点
排　　版	北京万水电子信息有限公司
印　　刷	三河市鑫金马印装有限公司
规　　格	184mm×260mm　16 开本　9.5 印张　229 千字
版　　次	2018 年 8 月第 1 版　2023 年 2 月第 3 次印刷
印　　数	6001—7000 册
定　　价	24.00 元

前　　言

C 语言自 1972 年诞生于贝尔实验室以来,以其灵活和实用的特点得到了广大用户的喜爱,迅速发展成一种应用广泛的高级语言。从网站后台到底层操作系统,从多媒体应用到大型网络游戏,均可使用 C 语言来开发。在工业领域,C 语言也是首选的系统语言。各种操作系统(如 Unix、Linux 和 Windows 等)的内核都是采用 C 语言和汇编语言编写的,而学习和使用 C 语言要比汇编语言容易得多。

许多高等学校不仅在计算机专业开设了 C 语言课程,而且在非计算机专业也开设了 C 语言课程。全国计算机等级考试、全国计算机应用技术证书考试(NIT)和全国各地区组织的大学生计算机统一考试都将 C 语言列入考试范围。因此,学习 C 语言成为广大青年学生的迫切需要。

针对高职学生的学习特点,本书大量使用实例操作及诠释,将抽象的理论用通俗易懂的方式表达出来,语言简练、清晰,图文并茂,深入浅出,易读易懂。本书的主要特点如下:

(1)从高职学生的实际出发,结合例题尽可能系统、清晰、全面、综合地展示 C 语言的概念、本质和精髓。注重理论联系实际,符合高职高专的特点。

(2)本书紧扣国家考试大纲,内容取舍得当,例题贴近二级 C 语言考试水平,是一本系统的等级考试的教材。

(3)习题丰富。本书各章后均附有适量的习题,帮助读者巩固所学知识,掌握应会和必会的内容。

本书由彭琦伟、周威任主编,刘妮玲、邱洪涛任副主编,熊辉、代子静任主审。其中第 1、2、3 章由周威编写,第 4、5、6 章由彭琦伟编写,第 7、8、9 章由刘妮玲编写,第 10、11 章由邱洪涛编写,彭琦伟负责全书的总体规划,刘妮玲负责统稿工作。

本书在编写过程中得到了荆州理工职业学院领导的大力支持,也得到了一些专家的具体指导,在此一并表示衷心的感谢。

本书虽经众多编者反复推敲以尽量避免学术上的讹谬,然而由于编者的能力和水平有限,加之时代日新月异的发展而导致理论的持续变革,书中难免存在不妥或疏漏之处,恳请广大读者批评指正,以便修订时加以完善。

编　者
2018 年 5 月

目　　录

第1章　C语言程序基础

本章简介：

21世纪已进入信息时代，席卷全球的信息科技给人类的生产和生活方式带来了深刻的变革，信息技术产业已成为推动国家经济发展的主导产业之一。信息技术的高速发展已是大势所趋，任何行业都需要具备一定IT知识和软件设计知识的从业人员，软件工程师的地位尤为重要。本章我们将带领大家进入奇妙的软件编程世界，从C语言的产生和发展开始，详细介绍关于C语言的基础知识，以及集成开发工具的使用，并讲解使用C语言中基本的输出函数编写第一个C语言程序。

理论课学习内容：

● 　C语言简介
● 　Visual Studio 2010集成开发环境介绍
● 　初始C程序
● 　控制台的输出

1.1　C语言简介

1.1.1　C语言发展史

自1946年世界上第一台电子计算机诞生以来，软件技术获得了突飞猛进的发展，形成了众多的经典计算机语言。20世纪70年代早期，贝尔实验室的Dennis M.Ritchie在B语言的基础上设计发明了C语言。C语言是一种介于汇编语言和高级语言之间的编程语言，是集这两种语言优点于一身的程序设计语言。作为一种通用的高级语言，C语言具有丰富的特性和良好的组织架构。它被用于开发各种各样的程序，包括操作系统、应用程序和图形程序等，在各类大、中、小和微型计算机上都得到了广泛的应用，成为世界上最优秀的结构化程序设计语言之一。C语言还提供了足以与汇编语言相媲美的速度，更易于开发与硬件相关的系统软件。

1.1.2　C语言特点

C语言主要包含4个特点：

（1）语言简洁、紧凑，使用方便、灵活。C语言共有32个关键字和9种控制语句，编程形式自由灵活。

（2）结构化的控制语句。以函数作为程序的基本模块单位，可以方便地实现程序的模块化。C语言是完全模块化和结构化的程序设计语言。

（3）允许直接访问物理地址。C语言能进行位运算，可以直接对硬件进行操作。

（4）可移植性好。与汇编语言相比，用C语言编写的程序基本不需要修改就能运行于各种型号的计算机和操作系统中。

1.2　C语言程序结构

C语言是一种结构化语言，其C语言程序的基本组成结构如示例1.1所示。

示例 1.1

```
#include<stdio.h>
void main()
{
    printf("这是我们学习的第一个C语言程序");    //printf输出函数
}
```

1. 头文件

所有的C语言编译器都提供了标准函数库，用于实现常见任务。在编写程序时，使用标准函数库提供的函数可以实现多种基础功能。通常，C语言中的库函数分类存放在头文件中，如果需要使用各类库函数，就必须在程序的开始部分将包含相应函数的头文件导入到程序中。

2. 注释

注释是指在程序的某些特定位置增加的一些说明性文字，用于提高程序代码的可读性。注释仅用于描述说明，C语言编译器在编译代码时会忽略注释，即注释不参与程序的运行。C语言的注释有两种形式：

（1）如果注释包含多行，可以使用"/*"开始、"*/"结束，但这两种符号必须成对出现。

（2）如果注释仅包含一行，只需在注释语句之前使用"//"进行标识。需要注意的是，"//"之后的一整行都会被编译器作为注释处理。

3. 函数

函数是C语言中最基本的功能单元。最常见的函数为main函数。main函数称为主函数，是所有C语言程序的入口。任何C语言程序都是从main函数开始和结束运行的，每个C语言程序都有且只能有一个main函数。

1.3　C语言集成开发环境

C语言源程序（后缀名为.c）可以在TC或VC6.0等很多编译系统或集成环境中编译运行，但由于如今全国计算机等级考试（NCRE）将使用Microsoft Visual Studio 2010上机环境，所以我们主要介绍Microsoft Visual Studio 2010上机环境。

Microsoft Visual Studio 2010是微软于2010年在美国西雅图推出的新一代集成开发环境（Integrated Development Environment，IDE），是目前最专业、最流行的Windows平台应用程序开发环境。

下面我们介绍如何在 Microsoft Visual Studio 2010 环境中编译运行 C 语言的程序。首先我们介绍比较简单的情况——程序只由一个源程序文件组成，即单文件程序（也有多文件）。

新建一个 C 语言源程序，其编译运行的步骤如下：

在 Microsoft Visual Studio 2010 主窗口中单击"文件"→"新建"→"项目"命令，如图 1-1 所示。

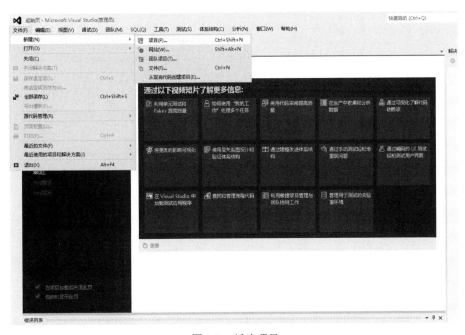

图 1-1　新建项目

选中"Win32 控制台应用程序"，在"名称"文本框中填写好名称，如图 1-2 所示。

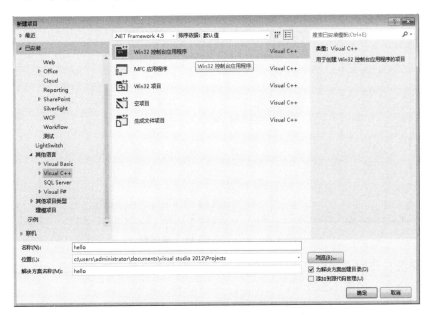

图 1-2　选中"Win32 控制台应用程序"

单击"下一步"按钮继续，如图1-3所示。

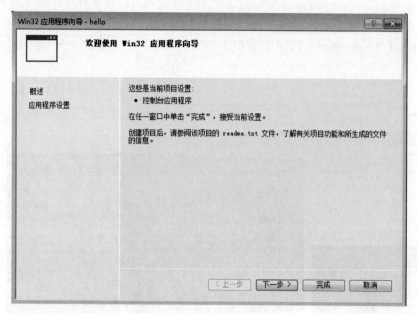

图1-3　单击"下一步"按钮

在附加选项中勾选"空项目"复选框，然后单击"完成"按钮，如图1-4所示。

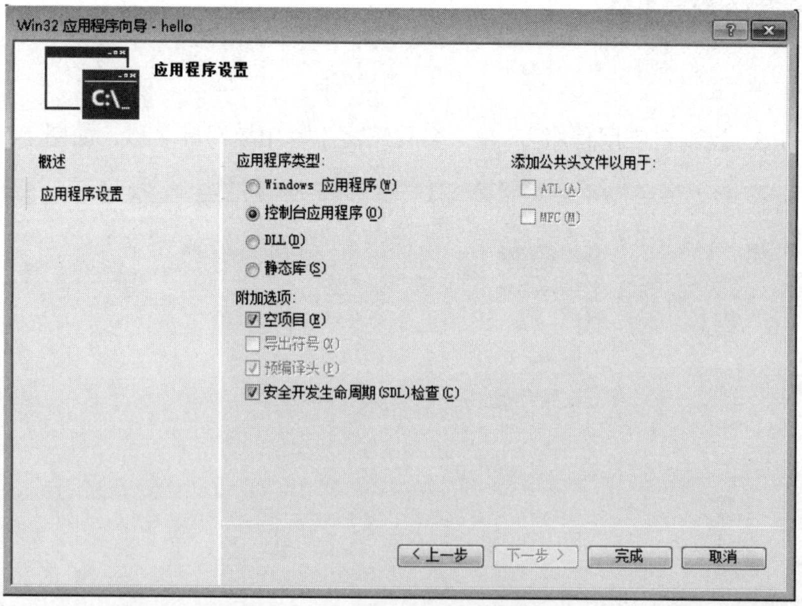

图1-4　勾选"空项目"复选框

在软件界面左边的"解决方案资源管理器"中的"源文件"上面右击，依次选择"添加"→"新建项"命令，如图1-5所示。

在"添加新项-hello"对话框中选中"C++文件(.cpp)"，在"名称"文本框中填写好名称。

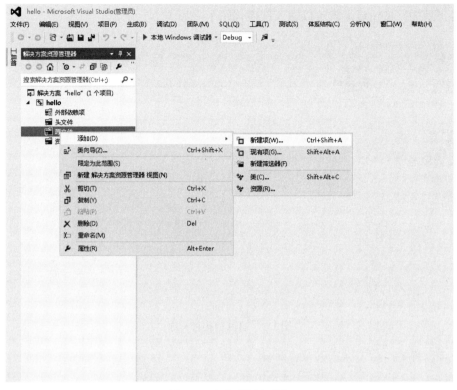

图 1-5　右击"源文件"

注意：千万不要忘记在填写好的名称后面写上 .c，比如 hello.c，最后单击"添加"按钮，如图 1-6 所示。

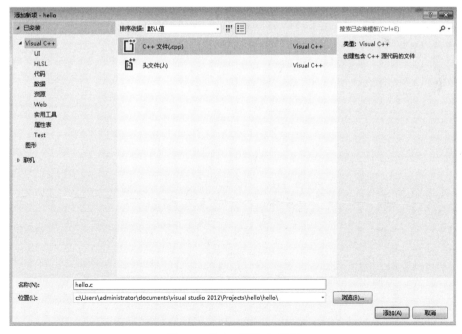

图 1-6　单击"添加"按钮

单击"添加"按钮后，就可以输入程序代码了，如图 1-7 所示。

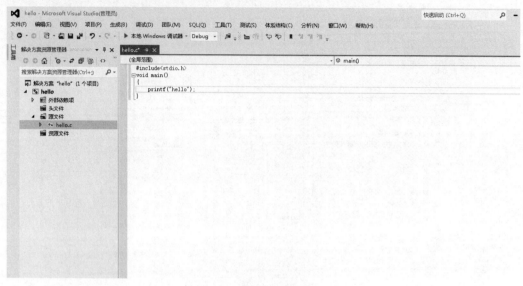

图 1-7　编辑 C 语言程序

运行已经编辑好的 C 语言程序，如图 1-8 所示。

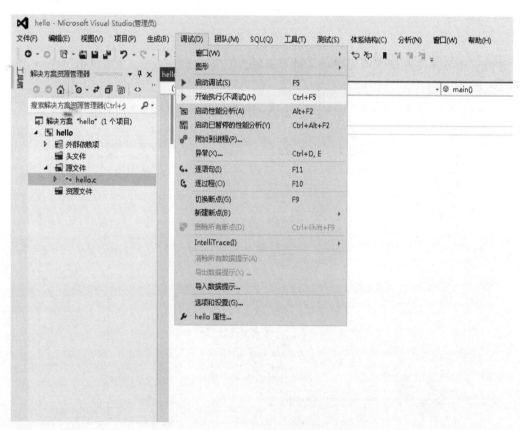

图 1-8　运行 C 语言程序

查看结果，如图 1-9 所示。

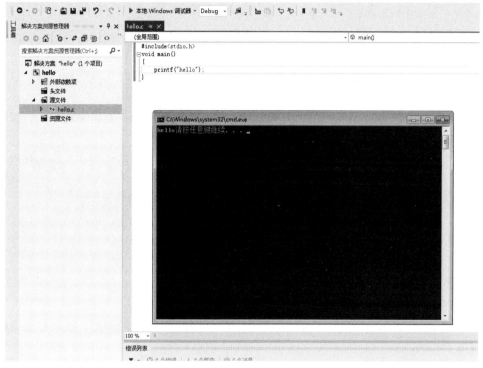

图 1-9　查看结果

1.4　程序举例

示例 1.2　编写 C 语言程序，显示学习小组所有成员的信息。

```
#include<stdio.h>
void main()
{
    printf("我们小组同学信息如下：\n");
    printf("姓名\t 年龄\t 手机号\n");
    printf("张三\t18\t12345678901\n");
    printf("李四\t19\t13456789012\n");
    printf("王五\t18\t14567890123\n");
}
```

示例 1.3　编写 C 语言程序，打印特殊图案。

```
#include<stdio.h>
void main()
{
    printf("**********************************");
    printf("**                              **");
    printf("**   我今天终于会运行 C 语言程序了   **");
    printf("**                              **");
```

```
    printf("**********************************");
}
```

本章总结

- C 语言是一种介于汇编语言和高级语言之间的编程语言，是集这两种语言优点于一身的程序设计语言。
- Microsoft Visual Studio 2010 是微软推出的集成开发环境，是目前最专业、最流行的 Windows 平台应用程序开发环境之一。
- 使用 C 语言创建控制台应用程序的过程是：创建控制台应用程序、编写代码、运行程序。
- 可使用 printf()或 scanf() 向控制台进行输出，并可以使用转义字符。

本章作业

1．C 语言与低级语言和其他高级语言有什么不同之处？
2．简述 C 语言的构成。
3．在 Microsoft Visual Studio 2010 集成环境中，运行 1.4 节中的例题，熟悉 C 语言的上机操作方法。
4．根据 1.4 节中的例题，编写一个 C 语言程序，在屏幕上输出"Hello World！"。
5．试编写一个程序，在屏幕上的输出结果如下所示。

```
* * * * * * * * * * * *
我喜欢 C 语言!
* * * * * * * * * * * *
```

第 2 章　变量、常量和数据类型

本章简介：

通过对上一章的学习，我们了解了 C 语言的发展历程及特点，同时也掌握了如何使用 Visual Studio 2010 开发工具编写 C 语言控制台应用程序，对 C 程序开发有了初步认识。

编写计算机程序的目的在于对数据进行计算或处理，该过程会产生很多临时数据。我们需要对这些临时数据进行存储，以便在程序执行过程中反复使用。

在本章中，我们将详细讲解 C 语言中变量、常量和数据类型的概念、用法，具体内容包括变量的声明和赋值、常用数据类型的介绍。我们还将讲解如何在 Visual Studio 2010 中进行程序调试，通过设置断点、单步调试、监视等常见的调试方法，帮助我们快速、准确地定位错误。程序调试是一名软件工程师所必备的技能。

理论课学习内容：

- 变量和常量
- 数据类型
- 控制台的输入
- 程序调试

2.1　变量

2.1.1　变量的基本概念

编写计算机程序是为了代替人工完成复杂的数据计算或处理，该过程会产生很多临时数据，这时需要对这些临时数据进行存储，以便在程序执行过程中反复使用。例如，在某款游戏中，玩家每攻击一次怪物，怪物所减少的血量＝物理攻击力＋魔法攻击力－怪物护甲，在上述计算过程中，需要保存第一次运算的结果以便进行第二次运算。若人工完成本次计算，人们会将计算过程中所得到的每一次临时结果记住，然后进行下一次计算，使用计算机处理的原理与此相同。在计算机中，将用于存储程序执行过程中产生的临时数据的空间称为"内存"，类似宾馆预设了若干个房间来接待临时房客，内存与宾馆的对照关系如图 2-1 所示。

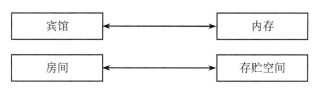

图 2-1　内存与宾馆的对照关系

人们可以通过宾馆中的房间号找到指定的房间，那么，在计算机中应该如何访问内存中指定的存储空间呢？在现代编程中，引入了"变量"的概念，并为变量设置名称，可以通过变量名访问指定的存储空间，完成对数据的存储操作。变量与房间的对照关系如图 2-2 所示。

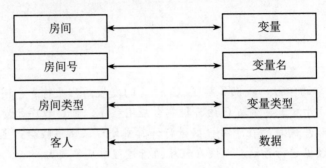

图 2-2　变量与房间的对照关系

因此，可以将变量理解为内存中一段已经命名的存储空间。它拥有自己的名称，通过变量名可以快速、简单地访问变量，将临时数据存储到指定内存区域中，或者从指定内存区域中读取数据。

2.1.2　变量的使用

使用变量的步骤如下：

（1）声明变量：根据类型开辟空间。

（2）赋值：将数据存入空间。

（3）使用变量：操作数据。

1. 变量的声明

在 C 语言中，任何变量在使用前都必须声明。声明变量的本质是在内存中开辟一块存储空间并命名。

语法：

　　数据类型　变量名；

在 C 语言中，可以一次声明多个同类型的变量，只需在声明时使用逗号隔开。

例如：

　　int width,height;

变量的命名需要遵循的规范如下：

（1）变量名由字母、数字和下划线组成，不能出现其他特殊字符。

（2）首字符必须是字符或下划线，在 C 语言中，变量名建议使用小写的字符开头，如 age、name、address1 和 my_money。在 C 语言的变量命名规则中，下划线不提倡使用，所以 my_money 建议写成 myMoney。

（3）变量名区分大小写，如 num 和 NUM 代表两个不同的变量。

（4）变量名不能和关键字同名，如不能将变量命名为 int、void 等。

（5）变量名命名要形象。

上面专门提到了关键字，关键字是对编译器具有特殊意义的预定义保留标识符。它们不能在程序中用作标识符。

2. 变量的赋值

语法：

变量名=值；

在 C 语言中，"="不同于数学公式"1+1=2"中的"="号。在数学公式中，"="表示运算结果；而在 C 语言中，"="是赋值运算符，表示将右侧的值存储至左侧的变量中。例如，微软创始人比尔·盖茨的年龄是 58 岁，声明变量保存比尔·盖茨的年龄，代码见示例 2.1。

示例 2.1

```
#include<stdio.h>
void main()
{
    int age;                    //声明一个变量
    age=58;                     //将比尔·盖茨的年龄变量赋值为 58
}
```

在 C 语言中，有时为了方便，可以将变量的声明和赋值一步完成。

例如：

int age=58;

3. 使用变量

通过变量名可以访问其中存储的数据，也可以修改其中存储的数据。例如，微软创始人比尔·盖茨的年龄是 58 岁，比 Facebook 的创始人马克·扎克伯格大 29 岁，计算马克·扎克伯格的年龄，代码见示例 2.2。

示例 2.2

```
void main()
{
    int age1,age2;              //声明两个变量
    age1=58;                    //将比尔·盖茨的年龄变量赋值为 58
    age2=age1-29;               //计算马克·扎克伯格的年龄并赋值
}
```

2.2 常量

在现实生活中存在很多变化的数据，如时间、年龄、身高和体重等。在程序中可以考虑将这些数据存储在变量中，因为变量中存储的数据允许被改变，但还存在一些固定不变的数据，如计算圆面积和周长时使用的圆周率 π，计算人承受的重力时使用的重力加速度 g 等。对于这些数据，在程序中应该如何描述呢？在 C 语言中引入了"常量"的概念，常量指在程序运行过程中存储的内容不能被改变的内存空间，通常用于存放不会改变的数据，常量的值在编译程序时不会发生修改。

常量分为直接常量和符号常量，直接常量就是我们在程序中看到的数字，符号常量需要特殊的说明。

符号常量的语法：

#define 符号 数字

示例 2.3

```
#include<stdio.h>
#define PI 3.1415926              //定义符号常量
```

```
void main()
{
    double r=2.5;              //定义圆的半径
    double s;                  //定义圆的面积
    s=PI*r*r;                  //计算圆的面积
    printf("圆的面积为%f",s);
}
```

2.3 数据类型

在现实生活中，我们经常会见到各种不同形式的数据。例如，我们问一个人的年龄，对方回答 20 岁。年龄常用一个整数来表示。如果我们询问一个人的姓名，则对方会回答"某某某"，这时姓名就需要用字符串来表示。再如，人类百米短跑世界纪录目前是 9.58 秒，此为一个小数。对于计算机而言，这些不同类型的数据需要存储在不同类型的变量中。

C 语言定义了一套完整的数据类型系统用于表示不同形式的数据，C 语言中的数据类型分为四类：基本类型、构造类型、指针类型、空类型。基本类型分为整型、浮点型、字符型等；构造类型分为数组类型、结构体类型和共用体类型。目前我们先学习基本类型。

2.3.1 整型

1. 整型变量

类型包括 short（短整型）、int（整型）、long（长整型）和 unsigned（无符号型），它们之间的区别主要在于表示的范围不一样，见表 2-1。

表 2-1 整型常量及其表示范围

类型	范围	分配字节
[signed]int	-32768 到 32767	2
[signed] short [int]	-32768 到 32767	2
[signed]long [int]	-2147483648 到 2147148647	4
unsigned int	0 到 65535	2
unsigned short [int]	0 到 65535	2
unsigned long [int]	0 到 4294967275	4

例如：

    int a;

2. 整型常量

整型常量就是数学中的数，在 C 语言中有十进制、八进制、十六进制三种。

十进制整数，其数码为 0～9。以下各数是合法的十进制整型常量：237、-567。以下是不合法的十进制整型常量：023、23D。

八进制整数，其数码为 0～7。把 0 作为八进制的前缀。以下各数是合法的八进制整型常量：0237、0567。以下是不合法的八进制整型常量：23、23D。

十六进制整数，其数码为 0～9，a～f。把 0x 作为十六进制的前缀。以下各数是合法的十六进制整型常量：0x237、0xaf。以下是不合法的十六进制整型常量：2a、23h。

2.3.2　浮点型

1. 浮点型变量

对于带小数点的数据，通常用浮点型来表示。浮点型的变量包括 float 和 double 两种类型。表 2-2 为浮点型的范围和精度。

表 2-2　浮点型的范围和精度

类型	大致范围	精度	分配字节数
float	-3.4*1038～+3.4*1038	7 位	4
double	±5.0*10-324～±1.7*10308	15～16 位	8

例如：

    float f;
    double d;

2. 浮点型常量

浮点型常量有两种表现形式：一种是小数形式，一种是指数形式。

小数形式：由数码 0～9 和小数点组成，例如 0.0、25.0 等。

指数形式：由十进制数，加阶码标志"e"或"E"组成，例如 2.15e5 等。

2.3.3　字符型

1. 字符型变量

字符型变量的取值是字符常量，即单个字符。字符变量的类型说明符是 char。

例如：

    char ch;

示例 2.4　大小写字母的转换。

```
#include<stdio.h>
void main()
{
    char c1='a',c2='B';
    char c3,c4;
    c3=c1-32;
    c3=c1+32;
    printf("c1=%c, c2=%c\nc3=%c, c14=%c",c1,c2,c3,c4);
}
```

2. 字符型常量

字符型常量必须使用两个单引号括起来。在 C 语言中，字符类型数据存储形式与整型类型类似，程序只存储字符对应的 ASCII 码，常用的 ASCII 码见表 2-3。

表 2-3　常见的 ASCII 码表

ASCII 码	字符
48～57	0～9
65～90	A～Z
97～122	a～z

2.4 调试

在软件开发过程中会产生很多错误，即使是实际应用的软件，也不能保证完全没有错误。作为合格的软件工程师，我们要尽量发现软件存在的错误并修正，搜寻和消除错误的过程称为调试，它是软件工程师必须具备的技能之一。

调试的一般步骤如下：
（1）设置断点。
（2）单步执行。
（3）观察变量。
（4）发现问题。
（5）修正代码。
（6）解决问题。

大多数编程语言的工具都提供了调试器，以便于软件工程师观察程序运行时的行为并跟踪变量的值，从而准确定位错误。Visual Studio 2010 也提供了调试器，以便于调试使用。

2.4.1 断点

调试可以深入程序内部，观察运行时各变量的值。在 Visual Studio 2010 中，要想对编写的程序跟踪调试，就需要设置一个断点，在程序运行时进行中断，以便于观察程序运行时各变量的值。只需在 Visual Studio 2010 的左侧单击一下，就可以创建一个断点，程序运行到断点处就会中断。

2.4.2 启动调试

程序只有在调试状态下运行至断点处才会暂停，单击 F5 键即可启动调试。若需要结束调试，按 Shift+F5 组合键即可。

2.4.3 单步调试

在程序开发中，为了找到程序的 bug，通常采用单步调试手段，逐步跟踪程序执行的流程，根据变量的值，找到错误的原因。

使用 Visual Studio 2010 时按 F10 或 F11 键，进行单步调试，即每次执行一行。

2.4.4 观察变量

Visual Studio 2010 提供了多种方式用于观察调试状态下变量的值。

（1）"局部变量"窗口。"局部变量"窗口用于列举当前作用域内的所有变量，以及跟踪它们的值的变化。

（2）"监视"窗口。与"局部变量"窗口不同，"监视"窗口主要用于跟踪特定变量的值的变化，需要为变量添加监视。

（3）将光标移至需要查看的变量之上。在程序调试过程中，将光标放置在变量之上，即可查看该变量中存储的数据信息。

本章总结

● 常量是在编译时已知并在程序的生存期内不发生更改的不可变值。
● 变量是内存中一段已命名的存储空间，用于保存程序在执行过程中产生的临时数据。
● 变量使用的步骤是：声明变量、赋值、使用变量。
● C 语言中的数据类型分为值类型和引用类型，常用的数据类型包含 int、char、float、double 等。
● 调试的基本过程为：设置断点、单步执行、观察变量、发现问题、修正代码和解决问题。

本章作业

一、综合测试题

1. 在 C 语言中，下列变量命名不合规范的是（　　）。
   A．A2　　　　　　　B．int　　　　　　C．score　　　　D．name
2. 在 C 语言中，下列属于值类型的有（　　）。
   A．int　　　　　　　B．float　　　　　C．string　　　　D．char
3. 下列 C 语言代码，变量赋值正确的是（　　）。
   A．int a=l;　　　　　　　　　　B．int a;a="1";
   C．a=l;　　　　　　　　　　　　D．int 1=a;

二、简答题

1. 简述 C 语言中的基本数据类型。
2. 列举 C 语言中变量的命名规则。
3. 简述程序的调试步骤。

第 3 章　表达式与运算符

本章简介：

通过对前两章的学习，我们已经能够利用所学的编程知识在程序中完成数据的存储及控制台的输入输出等操作，但仍存在不足。众所周知，无论程序任务要求的复杂程度有多高，总离不开三个步骤：输入数据、数据处理和输出数据。数据处理通常用于对数据的运算，而数据的运算则需要借助运算符和表达式来完成。

C 语言拥有很丰富的运算符和表达式，这也是 C 语言的主要特点之一。C 语言提供的运算符可进行数据的运算处理，按功能分为：赋值运算符、算术运算符和逻辑运算符等。

本章将详细讲解 C 语言中常用的四类运算符，包括运算符的符号、运算规则、优先级，以及在运算过程中经常遇到的类型转换问题。

理论课学习内容：

● 表达式
● 运算符
● 数据的类型转换

3.1　表达式

表达式是指由操作数和运算符组成的用于完成某种运算功能的语句。例如：Z=X*Y+10，其中 Y、X、Z、10 称为操作数，=、*、+称为运算符。

操作数通常可以是常量、变量或表达式，而运算符则指可以完成某种运算功能的符号。

3.2　运算符

运算符，顾名思义就是用于计算的符号。在 C 语言中存在大量的运算符，运算符按功能分为赋值运算符、算术运算符、关系运算符和逻辑运算符等；按操作数个数分为单目运算符、双目运算符和三目运算符。

使用运算符时，要注意以下三个方面。

1. 运算符的目

运算符能连接操作数的个数称为运算符的目。C 语言中运算符的目有以下三种。

（1）单目运算符：只能连接一个操作数，如++、--等。

（2）双目运算符：可以连接两个操作数，C 语言中的多数运算符属于双目运算符，如+、-、*、/等。

（3）三目运算符：可以连接三个操作数。C 语言中只有一个三目运算符，即条件运算符?:。

2．运算符的优先级

优先级是指在一个表达式中出现多个不同运算符，在进行计算时运算符执行的先后次序。例如算术运算符中的乘除运算符的优先级高于加减运算符的优先级，在 C 语言中，运算符都存在自身的优先级，应遵循优先级高的运算符先处理的规则。

3．运算符的结合方向

结合方向又称为结合性，是指当一个操作数连接两个同一优先级的运算符时，按运算符的结合性所规定的结合方向处理。C 语言中各运算符的结合性分为两种，分别为左结合性（从左向右）和右结合性（从右向左）。

3.2.1　赋值运算符

在 C 语言中，赋值运算符为 "="，赋值运算用于将赋值运算符右侧表达式的结果赋予赋值运算符左侧的变量。例如：

```
int age = 20;
int a = 1+1;
int b = a+1;
```

注意：从上述实例中不难看出，赋值运算符的左侧只能为一个变量，而右侧可以是变量、常量或表达式。赋值表达式的一般形式：

```
变量名=表达式;
```

赋值运算符的结合性是从右向左。例如：

```
int a,b,c;
a=b=c=1;
```

执行完毕后，变量 a、b、c 的值均为 1。

分析：该表达式会先从右侧开始计算，即先算 c=1，此时，c 的值为 1，之后该表达式将变成a=b=1，再计算 b=1，同样 b 的值为 1，之后该表达式将变成a=1，所以 a 的值也为 1。

提问：在 a、b、c 均未提前声明的情况下，下述代码是否存在错误？

```
int a=b=c=10;
```

3.2.2　算术运算符

算术运算符指能够完成算术运算功能的运算符，如使用 "+" 运算符完成加法运算，算术运算符见表 3-1。

表 3-1　算术运算符

运算符	功能	示例
+	加法运算	表达式 1+2 的计算结果为 3
-	减法运算	表达式 2-1 的计算结果为 1
*	乘法运算	表达式 1*2 的计算结果为 2
/	除法运算	表达式 5/2 的计算结果为 2
%	模运算	表达式 5%2 的计算结果为 1

注意：

（1）如果参与运算的数值都是整数，则"/"完成的是整除运算，如 5/2 的值是 2，而非 2.5。

（2）模运算"%"是进行除法运算后取余数，参与运算的必须是整数。

示例 3.1

```
#include<stdio.h>
void main()
{
    int num1=2, num2=1;
    int result;
    result= num1+ num2;
    printf("%d+%d 的结果为:%d",num1,num2,result);
    result= num1- num2;
    printf("%d-%d 的结果为:%d",num1,num2,result);
    result= num1* num2;
    printf("%d*%d 的结果为:%d",num1,num2,result);
    result =(double)num1/ num2;
    printf("%d/%d 的结果为:%d",num1,num2,result);
    result=num1%num2;
    printf("%d%%d 的结果为:%d",num1,num2,result);
}
```

在算术运算符中，除上述运算符之外，还存在两个较为独特的单目运算符，分别是自增（++）和自减（--）运算符，自增和自减运算符分别用于使变量值自增 1 或自减 1。其一般形式为：

```
    ++变量名  或  变量名++
    --变量名  或  变量名--
```

如果将自增或自减运算符放在变量之前，则称为前缀运算，前缀运算执行的是"先运算后使用"的处理过程。例如：

```
    int a = 5;
    int b =++a;                    //等效于 a=a+1; int b =a;
```

执行完毕后，变量 a、b 的值均为 6。

如果将自增或自减运算符放在变量之后，则称为后缀运算，后缀运算执行的是"先使用后运算"的处理过程。例如

```
    int a = 5 ;
    int b =a++;                    //等效于 int b=a; a = a + 1;
```

执行完毕后，变量 a 的值为 6，变量 b 的值为 5。

当出现难以区分的若干个"+"或"-"所组成的运算符时，C 语言规定：从左到右取尽可能多的符号组成运算符。例如：

```
    int a=1,b=2,c;
    c=a+++b;                       //等效于 c=(a++)+b;
```

执行完毕后，变量 a 和变量 b 的值均为 2，变量 c 的值为 3。

注意：

（1）自增或自减运算符只能作用于变量，如 1++、++(++x)均为错误。

（2）当单独使用自增或自减运算符时，前缀运算和后缀运算效果一致。例如：

++x; 等效于 x++;

--x; 等效于 x--;

在 C 语言中，可以将赋值运算符和算术运算符进行组合，从而形成复合赋值运算符，用于对变量自身执行算术运算。复合赋值运算符见表 3-2。

表 3-2　复合赋值运算符

运算符	功能	示例
+=	加法功能	int a=10;a+=2 等效于 a=a+2;a=12
-=	减法功能	int a=10;a-=2 等效于 a=a-2;a=8
*=	乘法功能	int a=10;a*=2 等效于 a=a*2;a=20
/=	除法功能	int a=10;a/=2 等效于 a=a/2;a=5
%=	模功能	int a=10;a%=2 等效于 a=a%2;a=0

注意：

（1）当需要对变量自身进行算术运算时，建议使用复合赋值运算符，效率要远高于算术运算符。

（2）复合赋值运算符的结合性自右向左。例如：

```
int a=5;
a+=a+=5;                          //等效于 a=a+(a+5)
```

执行完毕后，变量 a 的值为 15。

3.2.3　关系运算符

关系运算符用于比较两个变量或表达式的值的大小关系。在 C 语言中，关系成立则为真，用非零的数来表示，关系不成立则为假，用零来表示。关系运算符见表 3-3。

表 3-3　关系运算符

运算符	功能	示例
>	比较大于关系	2>1 的计算结果为真
<	比较小于关系	2<1 的计算结果为假
>=	比较大于或等于关系	2>=1 的计算结果为真
<=	比较小于或等于关系	2<=1 的计算结果为假
==	比较等于关系	2==1 的计算结果为假
!=	比较不等于关系	2!=1 的计算结果为真

示例 3.2

```
#include<stdio.h>
void main()
{
    int num1 =2, num2=1;
```

```
        printf("%d>%d 的结果为: %d",num1,num2, num1>num2);
        printf("%d>%d 的结果为: %d",num1,num2, num1<num2);
        printf("%d>%d 的结果为: %d",num1,num2, num1>=num2);
        printf("%d>%d 的结果为: %d",num1,num2, num1<=num2);
        printf("%d>%d 的结果为: %d",num1,num2, num1==num2);
        printf("%d>%d 的结果为: %d",num1,num2, num1!=num2);
    }
```

注意："=="与"="的区别是："=="用于比较运算符两边的操作数是否相等，结果类型为 bool；"="用于计算运算符右边表达式的值并赋值给左边的变量。

3.2.4 逻辑运算符

使用关系运算符可以比较程序中两个值的大小关系，但在程序中经常需要从多个比较关系中得到综合判断的结果。例如，要想进入微软亚洲研究院工作，至少需要硕士学历，且有从事软件开发两年以上的工作经验。

为了完成复杂的逻辑判断问题，C 语言提供了一组逻辑运算符，见表 3-4。

表 3-4　逻辑运算符

运算符	功能
&&	与运算
||	或运算
!	非运算

分析：如果要描述入职微软亚洲研究院的条件，则伪代码为：

(学历>=硕士)&&(工作年限>=两年)

如果入职微软亚洲研究院的条件变为"学历为硕士以上或者工作年限两年以上"，则伪代码为：

(学历>=硕士)||(工作年限>=两年)

如果入职微软亚洲研究院的条件变为"学历不能为硕士以下"，则伪代码为：

!(学历<硕士)

注意：与关系运算符"=="类似，在书写时，"&&"和"||"两个符号之间不允许有空格，否则编译系统会将其识别为非法字符。

逻辑运算符存在"短路"现象，可以用于生成更高效的代码。在&&运算中，如果第一个操作数为假，无论第二个操作数的值是什么，结果均为假。在||运算中，如果第一个操作数为真，无论第二个操作数的值是什么，运算的结果均为真。因此，在这两种情况下，不需要计算第二个操作数。由于不计算第二个操作数节省了时间，因此生成了效率更高的代码。

例如：int a=3,b=5;n=a>2||b++>3;执行完毕后，变量 a 和变量 b 的值保持不变，变量 b 的值保持不变说明运算符 || 之后的表达式未执行，因为运算符 || 之前的表达式的值为真，根据运算符 || 的运算规则，亦可以确定整个表达式结果为真。修改上述实例如下：

int a=3,b=5;
n=(a <3||b++>3);

执行完毕后，变量 a 的值不变，变量 b 的值为 5。

3.3 类型转换

在 C 语言中，不同类型的数据在进行混合运算时需要进行类型转换，即将不同类型的数据转换成同种类型的数据后再计算。对于值类型的数据，类型转换主要包括隐式转换和显式转换两种形式。

（1）隐式转换：系统默认的、无须显式声明即可进行的转换。例如：

```
float a;
a=10;                      //隐式转换，a=10.0
```

隐式转换是从低精度、小范围的数据类型转换为高精度、大范围的数据类型。C 语言支持的隐式转换的类型见表 3-5。

表 3-5 C 语言支持的隐式转换的类型

源类型	目标类型
char	int、long、double
short	int、long、double
int	long、double
long	double
float	double

注意：（1）char 类型不能通过隐式转换转换成 short 类型。

（2）bool 类型与数值类型不兼容，不能与数值类型进行类型转换。

（2）显式转换：一般情况下，数据类型的转换通常由系统自动完成，无须人工干涉，所以称为隐式转换，但如果程序要求一定要将某一类型的数据转换为另外一种类型，则可以使用强制类型转换运算符进行转换，这种强制转换的过程称为显式转换。

语法：

```
(目标数据类型)表达式;
```

例如：

```
int a=5,b=2;
printf("%d",a/b);
```

输出结果为 2，小数部分丢失，可以使用显式转换保留小数部分。

```
printf("%f",(double)a/b);
```

输出结果为 2.5，变量 a 通过显式转换转换为 double 类型。在进行除法运算之前，变量 b 通过隐式转换转换为 double 类型，所以运算结果为 double 类型，小数部分得以保留。

使用显式转换存在一定的风险，当源数据类型高于目标数据类型时，将会丢失部分数据，从而造成数据精度的降低；或者发送数据溢出，导致结果错误。例如，将浮点数 1.83 转换为整型数后的结果为 1，小数位 0.83 将丢失。

示例 3.3

```
#define PI 3.1515926
#include<stdio.h>
```

```
void main()
{
    int num1;
    float num2;
    double num3;
    num1=(int)PI;
    num2=(float)PI;
    num3=PI;
    printf("整型 num1=%d",num1);
    printf("单精度 num2=%f",num2);
    printf("双精度 num3=%f ",num3);
}
```

本章总结

- 表达式指由操作数和运算符组成的用于完成某种运算功能的语句。
- 运算符包括赋值运算符、算术运算符、关系运算符和逻辑运算符。
- 运算符的优先级是指运算符在表达式中执行运算的先后次序,由高到低的顺序依次是算术运算符、关系运算符、逻辑运算符、赋值运算符。
- 值类型数据之间的类型转换包括隐式转换和显式转换。

本章作业

一、填空题

1. C 语言提供的基本数据类型包括整形、浮点型和_____。
2. 假设 a 为整型变量且 a=5,则执行表达式 a+=++a 后的值是_____。
3. 已知 a=10,b=20,则表达式 a>!b 的值是_____。
4. 数学式 $\frac{2a}{3+b}$ 的 C 语言表达式是_____。
5. 运算符<、!、*、+、、&&中优先级最高的是_____,最低的是_____。

二、编程题

1. 请在机器上调试以下程序段并修改其中的错误。
```
main()
{   float a,b,c,s,area
    printf("\na,b,c=?");
```

```
scanf("\%f,%f,%f,"&a,&b,&c);
s=1/2(a+b+c);
area=sqrt s*(s-a)*(s+b)*(s-c);
printf("%a=%f,b=%f,c=%f\n",a,b,c);
printf("area=%f"area);
}
```

2．请编制一个程序，可以把整数 789 的最后 1 位数字 9 和第 1 位数字 7 分别在显示器上输出。

第 4 章　顺序结构

本章简介：

计算机程序是由若干条语句组成的语句序列，但程序并不一定按照语句的书写顺序依次往下执行。如果程序中的某几条语句是按照书写顺序依次执行的，我们称其为"顺序结构"；如果某条语句按照某个条件成立与否决定是否执行，或从若干条语句中选择某条语句执行，就称为"选择结构"；如果某条语句要反复执行多次，就称为"循环结构"。

本章首先介绍了结构化程序设计的三种基本结构之一的顺序结构。输入、输出是任何程序都应该具备的基本功能，否则程序将失去与用户交互的功能。通过本章的学习，掌握如何通过 scanf 函数完成数据的录入、通过 printf 函数完成数据的输出。

理论学习内容：

- 算法
- 结构化程序设计方法
- 结构化程序设计的三种基本结构
- 顺序结构程序设计
- 标准输入输出函数

4.1　算法

算法是一系列解决问题的清晰指令，也就是说，能够对一定规范的输入，在有限时间内获得所要求的输出。如果一个算法有缺陷，或不适合于某个问题，执行这个算法将不会解决这个问题。不同的算法可能用不同的时间、空间或效率来完成同样的任务。

算法可以理解为由基本运算及规定的运算顺序所构成的完整的解题步骤，也可以看成按照要求设计好的有限的、确切的计算序列，并且这样的步骤和序列可以解决一类问题。

一个算法应该具有以下五个重要的特征：

（1）有穷性：一个算法必须保证执行有限步之后结束。

（2）确切性：算法的每一步骤必须有确切的定义，不能有二义性。

（3）输入：算法是用来处理数据对象的，在大多数情况下这些数据对象需要通过输入来得到。

（4）输出：一个算法有一个或多个输出，以反映对输入数据加工后的结果。没有输出的算法是毫无意义的。

（5）可行性：算法原则上能够精确地运行，而且人们用笔和纸进行有限次运算后即可完成。

计算机科学家尼克劳斯·沃思曾著过一本著名的书《数据结构+算法=程序》，可见算法在计算机科学界与计算机应用界的地位。

算法可以用各种描述方法来进行描述，最常用的是伪代码和流程图。

伪代码是一种算法描述语言，介于自然语言与编程语言之间。伪代码的目的是为了使被描述的算法可以容易地以任何一种编程语言实现。

流程图也是描述算法的很好的工具，一般的流程图由图 4-1 中所示的几种基本图形组成。

图 4-1　一般的流程图所用的几种基本图形

4.2　结构化程序设计

为了让一个计算机程序便于阅读、修改和维护，我们可以采用结构化程序设计方法来编写程序代码。使用结构化程序设计方法设计程序可以减少程序出错的概率、提高程序的可靠性和保证程序的质量。

4.2.1　结构化程序设计方法

算法是计算机程序的灵魂，而任何算法的步骤都可以用顺序、选择、循环三种基本结构中的一种或几种来描述。一个结构化程序就是用高级语言表示的结构化算法，用三种基本结构组成的程序必然是结构化的程序。结构化程序便于阅读、修改和维护，减小了程序出错的概率，提高了程序的可靠性，保证了程序的质量。

结构化程序设计强调程序设计风格和程序结构的规范化，提倡清晰的结构。怎样才能得到一个结构化的程序呢？我们可以采取以下方法保证得到结构化的程序：

（1）自顶向下。

（2）逐步细化。

（3）模块化设计。

（4）结构化编码。

4.2.2　结构化程序的三种基本结构

计算机程序是由若干条语句组成的，程序中语句的执行顺序由程序的结构决定。计算机程序有三种基本结构：顺序结构、选择结构和循环结构。

1. 顺序结构

如果程序中的某几条语句是按照书写顺序依次往下执行，我们就把它叫作"顺序结构"。顺序结构的流程图如图 4-2 所示。它表示某个算法含有 A、B 两个操作，并且这两个操作的执行顺序是由 A 到 B。这两个操作组成了一个顺序结构。

2. 选择结构

如果程序中的某个语句是按照当时的某个条件成立与否决定是否执行，或从若干条语句中选择某个语句执行，我们把它叫作"选择结构"。选择结构又称为分支结构，是依据某个或某些条件，从若干个操作中选取某个操作来执行的一种控制结构。选择结构可分为两种形式：单分支选择结构、双分支选择结构。

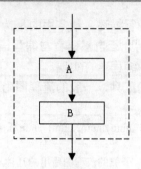

图 4-2　顺序结构流程图

（1）单分支结构

单分支结构的流程图如图 4-3 所示。该结构中仅仅含有一个条件 P，按照条件 P 是否成立决定操作 A 是否执行。

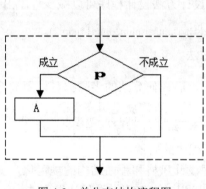

图 4-3　单分支结构流程图

（2）双分支结构

双分支结构的流程图如图 4-4 所示。该结构中也只有一个条件 P，按照 P 是否成立从 A、B 两个操作中选择一个执行。

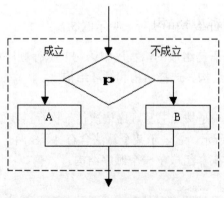

图 4-4　双分支结构流程图

3. 循环结构

循环结构，又叫重复结构，即由某个条件决定是否反复执行某一部分的操作。循环结构有两类：当型循环和直到型循环。

（1）当型（while 型）循环结构

当型循环结构是先判断控制循环的条件 P1，条件成立则执行一次 A 操作，如此反复执行 A 操作，当条件 P1 不成立时结束循环。其流程图如图 4-5（a）所示。

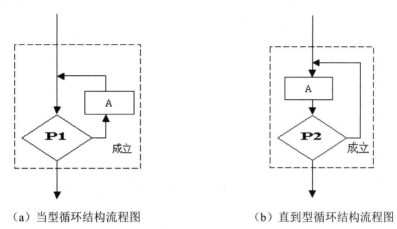

（a）当型循环结构流程图　　　　　　（b）直到型循环结构流程图

图 4-5　循环结构流程图

（2）直到型（until 型）循环结构

直到型循环与当型循环不同，这种结构是先执行一次 A 操作，然后再判断控制循环的条件 P2，如果条件 P2 成立，则回到 A 继续循环，直到条件 P2 不成立时结束循环。直到型循环结构的流程图如图 4-5（b）所示。

4.3　顺序结构程序设计

顺序结构的程序设计是最简单的，只要按照解决问题的顺序写出相应的语句就行，它的执行顺序是自上而下，依次执行。

例如：a = 3，b = 5，现交换 a、b 的值。这个问题就好像交换两个杯子里的水，当然要用到第三个杯子。假如第三个杯子是 c，那么正确的程序为 c = a;a = b;b = c;，执行结果是 a = 5，b = c = 3。如果改变其顺序，写成 a = b;c = a;b = c;，则执行结果就变成 a = b = c = 5，不能达到预期的目的，初学者最容易犯这种错误。顺序结构可以独立使用构成一个简单的完整程序，常见的输入、计算、输出三部曲的程序就是顺序结构。

示例 4.1　　计算 a、b 的和并输出。

```
main()
{
    int a,b;
    int sum;
    scanf("%d%d",&a,&b);
    printf("a=%d,b=%d",a,b);
    sum=a+b;
    printf ("sum=%d",sum);
}
```

这是一个典型的顺序结构程序，所有语句都是从上往下依次执行。程序中先定义了三个变量 a、b 和 sum，然后输入 a、b 的值，再执行 sum=a+b（计算出 a 与 b 的和），最后输出 sum 的值，自始至终都是按顺序执行的。这种程序简单，初学者容易看懂，不过大多数情况下顺序结构都是作为程序的一部分，与其他结构一起构成一个复杂的程序，例如分支结构中的复合语句、循环结构中的循环体等。

示例 4.2 已知圆的半径 r，计算圆的面积 s = 3.14159*r*r，并输出 s。

```
main()
{
    int r;
    float s;
    scanf("%d",&r);
    s=3.14159*r*r;
    printf("s=%f\n",s);
}
```

这也是一个顺序结构的程序，程序首先定义了整型变量 r 和浮点型变量 s，然后执行语句求出面积 s，再输出 s。

4.4　printf 函数

我们可以发现，无论要实现的功能如何复杂，C 语言程序总是先获取并保存数据，然后对数据进行加工处理，最后输出结果，为用户提供直观的反馈。其中，为软件用户提供反馈是程序最基本的功能。在 C 语言中，最基本的反馈方式是通过 printf 函数在电脑屏幕上显示运行结果，printf 函数的功能非常强大，主要用于向屏幕打印显示数据。

4.4.1　printf 函数基本语法

语法：

```
printf("控制字符串",参数列表)
```

1. 参数列表

参数列表是需要打印的数值列表，它可以是一个具体的数值、变量或者表达式。若 printf 函数需要打印多个数值，则可以使用逗号将多个参数隔开，例如：

```
int a=10,b=20;
printf("%d 乘以%d 等于%d",a,b,a*b);        //其中 a,b,a*b 为参数列表
```

2. 输出字符串

输出字符串是指需要在电脑屏幕上打印的字符串，包括字符、空格、格式命令以及转义字符。打印参数列表中指定数值时，必须在控制字符串中添加相应的"格式命令"，例如：

```
int score=90;
printf("张明同学的 C 语言成绩是：%d 分\n",score);
```

在上述代码中，输出字符串的内容由 3 个部分组成，分别是字符串"张明同学的 C 语言成绩是：分"、格式命令"%d"和转义字符"\n"。执行上述代码后，系统将输出"张明同学的 C 语言成绩是：90 分"。

注意：控制字符串作为 printf 函数的基本参数，在任何情况下都必须存在，它由一组双括

号括起来的一串字符串组成，而参数列表可以省略。

转义字符一般指代表某个功能的字符序列，如使用"\n"可以实现换行操作，具体内容见表 4-1。

表 4-1　转义字符

转义字符	功能描述
\n	换行，将当前位置移至下一行开头
\t	水平制表（跳至下一个 tab 的位置）
\'	单引号 (') 字符
\"	双引号（"）
\\	反斜杠字符（\）

4.4.2　格式命令

格式命令是在 printf 函数中用于指定输出项的数据类型和输出格式的特殊符号，向编译系统说明格式命令所在的位置需要打印一个值，常见的格式命令见表 4-2。

表 4-2　格式命令

格式命令	输出约定	示例	屏幕显示
%d	单个整数	printf("我的成绩是%d 分",100);	我的成绩是 100 分
%f	单个浮点数	printf("我的成绩是%d 分",100);	我的成绩是 80.500000 分
%c	单个字符	printf("你选择了%c 分",'Y');	你选择了 Y 分

注意：

（1）格式命令的类型必须和参数列表中与之对应的变量的数据类型相同。

（2）若格式命令有多个，则每个格式命令必须与参数列表中多个变量在顺序上一一对应。

（3）打印浮点数时可以控制打印的小数位数，如%.2f 表示小数点后显示两位。

4.5　scanf 函数

scanf 是格式输入函数，用于接收从键盘输入的任意类型数据。

语法：

　　scanf（"控制字符串",参数列表);

scanf 函数的用法与 printf 函数基本相同，只是前者用于接收用户从键盘输入的数据，而后者用于将程序中的信息输出到控制台中。

1. 控制字符串

在 scanf 函数中，控制字符串一般只编写格式命令，例如：

　　int num;
　　scanf("%d",&num);

注意：格式命令的类型必须与程序接收的用户输入的数据类型一致，否则程序将运行出错。

2. 参数列表

scanf 函数参数列表中的变量用于存储用户输入的数据，与 printf 函数中变量的功能完全不同，使用时必须要特别注意以下 3 个方面：

（1）参数列表只能放置变量，不能放置常量或运算表达式。

（2）变量必须经过声明，但不需要赋值。

（3）必须在变量名前面添加 "&" 符号，用于获取存储输入数据的变量地址。

示例 4.3　编写 C 语言程序，接收用户从键盘输入的年龄信息，并将信息显示在控制台中。

```
#include<stdtio.h>
void main()
{
    int age;
    printf("程序中需要接收用户的年龄信息\n");
    printf("请输入您的年龄（按回车键结束）：\n");
    scanf("%d",&age);
    printf("程序已获取到您输入的年龄，您的年龄是：%d\n",age);
}
```

scanf 函数允许一次接收多个数值，使用格式如下：

```
int a,b;
scanf("%d%d",&a,&b);
```

示例 4.4　编写 C 语言程序，接收用户从键盘输入的语文、数学、英语 3 门课程的成绩，并计算 3 门课程的平均成绩。

```
#include<stdtio.h>
void main()
{
    float chinese,math,english,avg;
    printf("请分别输入你的语文、数学、英语成绩（按回车键结束）：\n");
    scanf("%f%f%f",& chinese, & math, & english);
    avg=(chinese+math+english)/3;
    printf("你输入的成绩如下\n");
    printf("语文\t 数学\t 英语\t 平均分\n");
    printf("%.1f\t%.1f\t %.1f\t %.1f\n", chinese, math, english,avg);
}
```

scanf 函数接收多个数据时，可以使用以下两种方式输入多个数值：

（1）在输入数据时，数据之间用空格分隔，全部输入结束后按回车键。例如，输入"数值 1 空格数值 2 空格……数值 n 回车"。

（2）在输入数据时，每输入一个数据就按一次回车键。例如，输入"数值 1 回车数值 2 回车……数值 n 回车"。

本章总结

● 算法是整个程序设计的灵魂。

● 结构化程序分为三种基本结构，即顺序结构、选择结构和循环结构。

- printf 函数用于完成数据在控制台上的输出。
- scanf 函数用于接收用户从键盘输入的任意类型的数据。
- scanf 函数的参数列表部分只能使用变量，并且必须在变量前添加"&"符号，用于访问存储数据的变量地址。

本章作业

1. 设圆的半径 r=1.5，圆柱的高 h=3，求圆周长、圆面积、圆球表面积、圆球体积、圆柱体积。用 scanf 函数输入数据，用 printf 函数输出计算结果，输出时要求有文字说明，取小数点后 2 位数字。

2. 输入一个华氏温度，要求输出摄氏温度。公式为 c=5/(9*(F-32))，输出要有文字说明，取 2 位小数。

第 5 章　选择结构

本章简介：

在上一章中，我们学习了 C 语言中常用的运算符及表达式，在程序中通过运算符和表达式可以完成大部分的运算功能，但通过总结不难发现，之前的程序只能按书写代码的顺序执行，这使程序的应用存在一定的局限性。

编写计算机程序是为了代替人工完成数据的计算或处理，而在现实生活中，通常需要对条件进行判断，确定执行哪些操作，或者对于同一个操作重复执行多次。例如，在"英雄联盟"中，当英雄的生命值低于特定的值时需要使用生命药水，提升英雄的生命值；英雄在打怪物过程中，需要重复进行攻击，直到怪物的生命值为零为止。因此，多数情况下程序不会只是简单地顺序进行。

C 语言提供了顺序、条件和循环三种基本结构。本章将详细讲解基本的条件结构以及使用条件结构嵌套处理复杂的运算操作。

理论课学习内容：

- 程序流程控制结构
- 条件结构
- 多重条件结构

5.1　程序流程控制结构

C 语言提供了顺序、条件和循环三种基本的流程控制结构。

顺序结构：程序将完全按照书写顺序依次执行所有语句。

条件结构：根据条件判断结果来决定程序的执行流程

循环结构：在给定条件成立时反复执行某程序段，直到条件不成立为止。

从程序执行过程角度看，顺序、条件及循环三种结构的顺序连接或嵌套连接可以实现复杂多样的程序。

5.2　条件结构

随着问题的复杂程度不断增加，通过逐步执行的简单程序已经不能满足需求。例如，判断一个数的奇偶性，就需要根据处理结果进行判断以决定输出哪一种判断结果。这种根据判断结果来控制程序执行过程的结构称为条件结构。条件结构可以根据条件判断结果来决定程序的执行流程。图 5-1 是判断一个数是否为奇偶数的流程图。

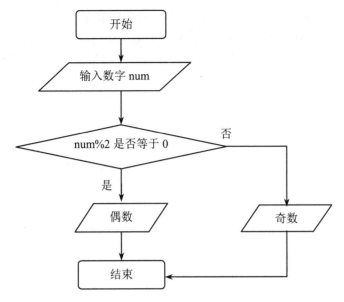

图 5-1   判断奇偶数的流程图

在 C 语言中，基本的条件结构分为单分支 if 结构和双分支 if 结构。

5.2.1   单分支 if 结构

单分支 if 语句是最基本的条件语句之一。它根据判断指定条件是否成立来决定是否执行特定代码。

语法：

```
if(条件表达式)
{
    语句;        //条件成立时，执行的特定代码
}
```

单分支 if 结构工作原理流程图如图 5-2 所示。

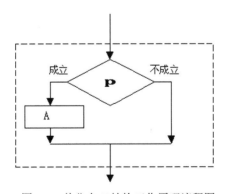

图 5-2   单分支 if 结构工作原理流程图

当条件表达式为真时，执行语句块；当条件表达式为假时，跳过语句块。若 if 语句之后还存在其他语句，则继续执行。

在数学运算中，经常会使用绝对值，正整数的绝对值是其本身，负整数的绝对值是其相反数，所以当运算一个整数的绝对值时存在正整数和负整数两个可能：若为正数，则不需要任何处理；若为负数，则需要通过运算计算其相反数。该运算可以使用单分支 if 结构实现，见示例 5.1。

示例 5.1 计算某个数的绝对值。

```
#include<stdio.h>
void main()
{
    int num,absnum;
    printf("请输入一个整数:")
    scanf("%d",&num);
    absnum= num;
    if (num< 0)
        absnum =0- absnum;
    printf("%d 的绝对值:%d", num,absnum);
}
```

在使用的过程中有以下几点需要注意：

（1）if 语句的功能是根据条件是否成立来选择是否执行大括号"{}"中包含的语句。如果选择执行的语句只有一条，则大括号可以省略；如果选择执行的语句有两条或两条以上，则必须使用大括号将多条语句括起来。为了保证程序的阅读性和可扩展性，建议无论 if 语句中要执行的语句是一条还是多条，都使用大括号括起来。

（2）在单分支 if 结构的条件之后可以直接使用分号";"，这个分号代表空语句，表示当条件为"真"时执行空语句。

例如：

```
if(a>1);
printf("hello");
```

在上述示例中，无论变量 a 为何值，字符串"hello"都将输出至控制台。

5.2.2 双分支 if 结构

单分支 if 结构只针对条件表达式为"真"时给出相应的处理，但对于条件表达式为"假"时没有进行任何的处理。若需要对条件表达式为"真"和"假"执行不同的处理，则可以使用双分支 if 结构。双分支 if 结构也称为 if-else 结构，用于根据条件判断的结果执行不同的操作。

语法：

```
if(条件表达式)
{
    语句块 1//条件表达式为真时执行语句块 1
}
else
{
    语句块 2//条件表达式为假时执行语句块 2
}
```

双分支结构的工作原理流程图如图 5-3 所示。

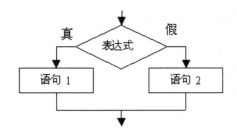

图 5-3　双分支 if 结构工作原理流程图

当条件表达式为真时，执行语句块 1；当条件表达式为假时，执行语句块 2。若双分支 if 结构之后还存在其他语句，则继续执行。

在程序中进行数据处理时，经常需要获取两个数字之间的最大值。在求最大值时，存在两种可能：若第一个数字大于第二个数字，则最大值为第一个数字；否则，最大值为第二个数字。该运算可以使用双分支 if 结构实现，见示例 5.2。

示例 5.2　求两个整数中的最大数。

```c
#include<stdio.h>
void main()
{
    int a, b,max;
    printf("请输入两个整数:")
    scanf("%d%d",&a,&b);
    if(a >= b)
        max=a;
    else
        max=b;
    printf("最大值:%d",max);
}
```

5.3　多重条件结构

当一个问题存在多种可能的条件时，需要针对每一种条件分别进行处理。例如，商店促销打折，购物达 1000 元，则享受 8 折优惠；购物达 800 元，则享受 9 折优惠。类似这样的情况在现实生活中还有很多，遇到这些情况时，若使用简单的条件结构已无法满足需求，可使用多重条件结构来解决此类问题。

在 C 语言中，多重条件结构分为多重结构、嵌套 if 结构及 switch 结构三种。

5.3.1　多重结构

多重结构是在 if-else 结构的 else 语句中包含另外的 if-else 结构，并且将其后的 if 关键字直接放置于前一个 else 之后，是依次重叠的 if-else 语句。

语法：

```c
if(表达式 1)
{
    语句块 1;                //表达式 1 成立则执行语句块 1
```

```
    }
    else   if(表达式 2)
    {
        语句块 2;                    //表达式 1 不成立，表达式 2 成立则执行语句块 2
    }
    else   if(表达式 3)
    {
        语句块 3;
    }
    else   if(表达式 4)
    {
        语句块 4;
    }
    else
    {
        语句块 5;
    }
```

多重 if 结构的工作原理如图 5-4 所示。

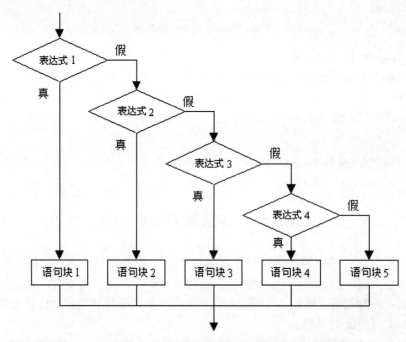

图 5-4　多重 if 结构的工作原理

计算条件表达式 1，若结果为真，则执行语句块 1；否则，计算条件表达式 2，若结果为真，则执行语句块 2；否则，计算条件表达式 3，若结果为真，则执行语句块 3；否则，计算条件表达式 4，若结果为真，则执行语句块 4；否则，执行语句块 5。对于一次条件判断，只能选择一个分支执行，不能同时执行。

在程序设计过程中，经常需要比较两个数之间的关系。两个数之间的关系存在三种，分别是大于、等于及小于，三种关系至少需要判断两次，因此可使用多重条件结构实现，见示例 5.3。

示例 5.3   比较两个数之间的大小。

```c
#include<stdio.h>
void main()
{
    int a,b;
    printf("请输入 a 的值:");
    scanf("%d",&a);
    printf("请输入 b 的值:");
    scanf("%d",&b);
    if(a>b)
    {
        printf("a 大于 b");
    }
    else if(a<b)
    {
        printf ("a 小于 b");
    }
    else
    {
        printf("a 等于 b");
    }
}
```

5.3.2 嵌套 if 结构

在 if-else 结构的 if 语句中，包含一个或多个 if 语句形成的多重条件结构称为嵌套 if 结构。在嵌套语句中，只有在外层条件成立的情况下，才会执行内层的条件语句。

语法：

```c
if(表达式 1)
{
    if(表达式 2)
    {
        if(表达式 3)
        {
            语句块 4;
        }
        else
        {
            语句块 3;
        }
    }
    else
    {
        语句块 2;
    }
}
```

```
    else
    {
        语句块 1;
    }
```

计算条件表达式 1，若结果为假，则执行语句块 1；否则，计算条件表达式 2，若结果为假，则执行语句块 2；否则，计算条件表达式 3，若结果为假，则执行语句块 3；否则，执行语句块 4。同样，对于一次条件判断，只能选择一个分支执行，不能同时执行。

在现实生活中，每到节假日，商场都会有促销打折的活动，具体要求如下：

（1）购物金额高于 1000 元，则享受 8.5 折优惠。

（2）购物金额高于 800 元，则享受 9 折优惠。

（3）购物金额高于 500 元，则享受 9.5 折优惠。

（4）其余，则不打折。

通过分析不难发现，在计算付款金额时需要进行多次判断，因此可使用多重条件结构实现，见示例 5.4。

示例 5.4　计算实际购物金额。

```c
#include<stdio.h>
void main()
{
    int price;
    printf("请输入本次购物金额:");
    scanf("%d",&price);
    double sum =0;
    if (price>=500)
    {
        if (price >= 800)
        {
            if (price >= 1000)
            {
                sum= price *0.85;
            }
            else
            {
                sum= price *0.9;
            }
        }
        else
        {
            sum= price * 0.95;
        }
    }
    else
    {
        sum= price;
    }
```

```
        printf("应付款金额:%.2f",sum);
    }
```

5.4 switch 函数

5.4.1 C 语言中的等值判断

通过对 if 语句的学习，可以实现功能更为复杂的应用程序。例如，模拟简单的计算器，见示例 5.5。

示例 5.5 模拟简单的计算器。

```c
#include<stdio.h>
void main()
{
    int num1,num2;
    char op;
    printf("请输入两个操作数： ");
    scanf("%d%d",&num1,&num2);
    printf("请输入运算符");
    scanf("%c",&op);
    //根据用户输入的运算符进行对比计算
    if(op=='+')
    {
        printf("%d+%d=%d",num1,num2,num1+num2);
    }
    else if(op=='-')
    {
        printf("%d-%d=%d",num1,num2,num1-num2);
    }
    else if(op=='*')
    {
        printf("%d*%d=%d",num1,num2,num1*num2);
    }
    else if(op=='/')
    {
        printf("%d/%d=%.2f",num1,num2,(double)num1/num2);
    }
}
```

虽然通过 if 语句解决了该问题，但程序结构冗长，且在示例 5.5 中，if 语句使用的条件表达式为等值判断。对此，C 语言中提供了另一种多重条件结构 switch 结构，可以方便地解决等值判断问题。

5.4.2 switch 结构的概述

switch 结构又称为多路分支条件语句，用于处理多重条件选择结构，可以简化程序的结构。

通过判断表达式的值与常量列表中的值是否相匹配来选择相关联的执行语句。

语法：

```
switch(表达式)
{
    case 常量1：
        语句块1;
        break;
    case 常量2：
        语句块2;
        break;
    ……
    default：
        语句块n;
        break;
}
```

上述语法中，switch、case、break 和 default 均为关键字。

（1）switch：表示"开关"，"开关"即 switch 关键字之后表达式的值，其类型可以是 char、int 和 string。

（2）case：表示"情况"，case 之后必须是一个常量表达式，其类型同样可以是 char、int 和 string。case 块可以存在多个，且可以改变相互之间的顺序，但每个 case 之后的常量表达式的值不能相同。

（3）default：表示"默认"，用于处理 switch 结构的非法操作，可以省略。当表达式的值与任何一个 case 之后的常量表达式的值均不匹配时，执行 default 语句。

（4）break：表示"停止"，即跳出当前 switch 结构，不再继续执行 switch 结构中的剩余部分。

switch 结构的执行过程如下：

（1）计算 switch 关键字之后表达式的值。

（2）将表达式的值依次与每一个 case 之后的常量进行比较，若存在匹配项，则执行对应 case 之后的语句块，并执行 break 语句，结束 switch 结构的执行。

（3）若表达式的值与所有 case 之后的常量都不匹配，则检查是否存在 default：若存在，则执行 default 之后的语句，并执行 break 语句，结束 switch 结构的执行；若不存在，则直接结束 switch 结构的执行。

了解了 switch 结构的语法和执行过程后，下面我们使用 switch 结构对示例 5.5 进行重构，见示例 5.6。

示例 5.6　模拟简单的计算器。

```
#include<stdio.h>
void main()
{
    char op;
    printf("请输入运算符：");
    scanf("%c",&op);
    int num1, num2;
```

```
        printf("请输入两个操作数：");
        scanf("%d%d",&num1,&num2);
        switch(op)
        {
            case "+":
            {
                printf("%d+%d=%d",num1,num2,num1+num2);
            }
            break;
            case "-":
            {
                printf("%d-%d=%d",num1,num2,num1-num2);
            }
            break;
            case "*":
            {
                printf("%d*%d=%d",num1,num2,num1*num2);
            }
            break;
            case "/":
            {
                printf("%d/%d=%.2f",num1,num2,(double)num1/num2);
            }
            break;
            default:printf("输入有误");
        }
    }
```

通过示例 5.5 与示例 5.6 代码的对比，不难看出，示例 5.6 的程序结构更为清晰。其实两者完成的功能完全一致，但是，并非所有多重结构都能被 switch 结构替换。在使用 switch 结构时，需要注意以下两点：

（1）break 语句

break 语句用于结束 switch 结构的执行，见示例 5.7。

示例 5.7

```
    void main()
    {
        int caseSwitch=1;
        switch(caseSwitch)
        {
            case 1:printf("进入 case1");
                    break;
            case 2:printf ("进入 case2");
                    break;
            case 3:printf ("进入 case3");
                    break;
            default:printf ("进入 default");
```

```
                break;
            }
        }
```

存在特殊情况：当两个 case 语句之间没有任何其他语句时，前一个 case 语句中的 break
语句可以省略。

修改示例 5.7，删除第一个 case 语句之后所有的语句，见示例 5.8。

示例 5.8

```
        void main()
        {
            int caseSwitch=1;
            switch(caseSwitch)
            {
                case 1:
                case 2:
                printf("进入 case2");
                break;
                case 3:
                printf ("进入 case3");
                break;
                default:
                printf ("进入 default");
                break;
            }
        }
```

由示例 5.8 可以看出，若存在多个 case 语句需要执行相同的操作时，可以将这些 case 放
置在相邻的位置上，只需要在最后一个 case 语句中编写代码即可，使用更为方便。

（2）default 语句

当表达式的值与任何一个 case 之后的常量表达式的值都不匹配时，则执行 default 语句。
调整 case 语句与 default 语句之间的顺序不会对结果产生影响。

修改示例 5.8，调整 default 语句与 case 语句之间的顺序，且设置变量 caseSwitch 为 7，见
示例 5.9。

示例 5.9

```
        void main()
        {
            int caseSwitch=7;
            switch(caseSwitch)
            {
                case 1:
                case 2:
                printf("进入 case2");
                break;
                default:
                printf ("进入 Default case");
                break;
```

```
        case 3:
        printf ("进入 case3");
        break;
    }
}
```

default 语句可以省略，省略时，若不存在匹配项，则不执行任何代码，直接结束 switch 结构的执行。

修改示例 5.9，删除 default 语句，见示例 5.10。

示例 5.10

```
    void main()
    {
        int caseSwitch=7;
        switch(caseSwitch)
        {
            case 1:
            case 2:
            printf ("进入 case2");
            break;
            case 3:
            printf ("进入 case3");
            break;
        }
    }
```

5.4.3 switch 结构与多重 if 结构的区别

对比 switch 结构与多重 if 结构的工作原理，不难发现，两者的运行过程非常相似，均为在前一个条件不成立的情况下开始下一次条件的判断。如果某个条件成立，将执行该条件对应的所有语句，执行完毕后，将不再测试其他的条件，直接结束。但 switch 结构与多重 if 结构的适用场合存在差异，switch 结构仅适用于整型、字符型及字符串类型的等值判断的情况，存在一定的局限性，而多重 if 结构在判断条件时通用性更强，主要运用于条件判断为区间的情况。

当面对多重条件判断的问题时，应首先考虑使用 switch 结构实现，因为用 switch 结构实现多路分支可以使程序结构更加清晰，还可以提高程序可读性。若不能满足 switch 结构的适用条件，则再考虑使用多重 if 结构实现。

例如，显示学生成绩等级，要求如下：

（1）成绩高于 90，则输出"A"。

（2）成绩介于 80～89 之间，则输出"B"。

（3）成绩介于 70～79 之间，则输出"C"。

（4）成绩介于 60～69 之间，则输出"D"。

（5）成绩低于 60，则输出"E"。

由于学生成绩判断属于区间判断，故使用多重结构更为合适，见示例 5.11。

示例 5.11 根据学生分数输出对应等级。

```c
#include<stdio.h>
void main()
{
    int score;
    printf("请输入学生成绩:");
    scanf("%d",&score);
    if(score>=90)
    {
        printf("A\n");
    }
    else if(score>=80)
    {
        printf ("B\n");
    }
    else if(score>=70)
    {
        printf ("C\n");
    }
    else if(score>=60)
    {
        printf ("D\n");
    }
    else
    {
        printf ("E\n");
    }
}
```

再如，公司发年终奖，根据公司员工的职位不同，奖金数量也不一样。具体的规定如下：

（1）A 类：年终奖按年收入的 30%提成。

（2）B 类：年终奖按年收入的 25%提成。

（3）C 类：年终奖按年收入的 20%提成。

（4）D 类：年终奖按年收入的 15%提成。

要求输入年收入及员工类型，计算对应的年终奖金。由于员工类型的判断属于字符串类型的等值判断，故使用 switch 结构更为合适，见示例 5.12。

示例 5.12

```c
#include<stdio.h>
void main()
{
    double money,bonus=0;
    char level;
    printf("请输入员工的年收入:");
    scanf("%d",&money);
    printf("请输入员工的等级:");
    scanf("%c",& level);
    switch(level)
    {
```

```
            case :'A':
            bonus=money*0.3;
            break;
            case :'B':
            bonus=money*0.25;
            break;
            case :'C':
            bonus=money*0.2;
            break;
            case :'D':
            bonus=money*0.15;
            break;
        }
        printf("员工的年终奖:%f",bonus);
    }
```

本章总结

- 在 C 语言中，基本的条件结构分为单分支 if 和双分支 if 两种结构。
- 在 C 语言中，多重条件结构分为多重 if 结构、嵌套 if 结构及 switch 结构三种。
- 多重 if 结构是在 if-else 结构的 else 语句中包含另外的 if-else 结构，并且将其后的 if 关键字直接放置于前一个 else 之后，是依次重叠的 if-else 语句。
- switch 语句又称为多路分支条件语句,通过判断表达式的值与整数或字符常量列表中的值是否相匹配来选择相关联的执行语句。
- break 用于跳出当前 switch 结构，不再继续执行 switch 结构中的剩余部分。
- switch 结构与多重 if 结构都可以实现多重条件判断，但 switch 结构仅适用于等值判断情况，多重 if 结构更适用于区间判断情况。

本章作业

一、选择题

1. 为了避免在嵌套的 if-else 中产生歧义，C 语言规定，一般 else 子句总是与（　　）配对。
   A．缩排位置相同的 if
   B．其之前最近的 if
   C．其之后最近的 if
   D．同一行上的 if
2. 以下不正确的语句为（　　）。
   A．if(x>y);
   B．if(x<y) {x++;y++;}
   C．if(x!=y)　scanf("%d",&x); else　scanf("%d",&y);
   D．if(x=y)&&(x!=0)　x+=y;
3. 以下 if 语句语法正确的是（　　）。

A．if(x>0)   printf("%f",x);

else   printf("%f",-x);

B．if(x>0)   {x++; printf("%f",x);}

else   printf("%f",-x);

C．if(x>0)   {x++; printf("%f",x);};

else   printf("%f",-x);

D．if(x>0)   {x++; printf("%f",x) }

else   printf("%f",-x);

4．阅读以下程序，则（   ）。

```
main()
{  int a=5,b=0,c=0;
   if(a=b+c)   printf("* * *\n");
   else        printf("$ $ $\n");
}
```

A．有语法错误不能通过编译   B．可以通过编译但不能通过链接

C．输出 ＊＊＊   D．输出 ＄＄＄

5．下面程序执行时，若从键盘输入 5，则输出为（   ）。

```
main()
{  int a;
   scanf("%d",&a);
   if(a++>5)   printf("%d\n",a);
   else        printf("%d\n",a--);
}
```

A．6   B．7   C．5   D．5

6．已知 a、b、c 的值分别为 5、5、6，执行以下语句后 a、b、c 的值分别是（   ）。

if(a>b)   a=b;   b=c;   c=a;

A．5、5、6   B．5、6、6

C．5、6、5   D．5、6、5

7．假定所有变量均已正确定义，下列程序段运行后 x 的值是（   ）。

```
a=b=c=0;
x=35;
if(!a) x--;
   else if(b);
      if(c) x=3;
         else x=5;
```

A．35   B．5   C．35   D．3

8．设整型变量 m1 的值为 3、m2 的值为 2、m3 的值为 1，执行下列语句后，整型变量 m5 的值是（   ）。

```
switch(m1=m2==m3+1)
{
    case 1: m5=1; break;
    case 3: m5=3; break;
```

```
        case 2: m5=2; break;
        default: m5=5;
    }
```
A．1   B．2   C．3   D．5

9．下列关于 switch 语句和 break 语句的结论中，正确的是（   ）。

    A．break 语句是 switch 语句中的一部分

    B．在 switch 语句中可以根据需要使用或不使用 break 语句

    C．在 switch 语句中必须使用 break 语句

    D．break 语句只能用于 switch 语句中

二、填空题

1．以下程序运行后的输出结果是_____。
```
#include   <stdio.h>
main()
{   int a=0,b=0,c=0;
    if(a++&&(b+=a)||++c)
        printf("%d, %d, %d\n",a,b,c);
}
```

2．运行以下程序段后，x，y，z 的值分别是_____。
```
int x=0,y=3,z=2;
if(x++&&y++)   z--;
else if(x+1==6||y--)   z++;
```

3．输入一个字符，如果它是一个大写字母，则把它变成小写字母；如果它是一个小写字母，则把它变成大写字母；其他字符不变，请填空。
```
main()
{ char ch1;
    scanf("%c",&ch1);
    if(_____)   ch1=ch1+32;
    else if(ch1>='a'&&ch1<='z')                    ;
    printf("%c",ch1);
}
```

三、编程题

1．从键盘输入三个数，然后按照由小到大的顺序输出。要求：设三个数放在变量 a、b、c 中，最后仍然按照 a、b、c 的顺序输出。

2．编写程序，根据以下的函数关系，对输入的 x 值输出相应的 y 值。

x	y
2<x<=10	x(x+2)
-1<x<=2	2x
X<=-1	x-1

3．求一元二次方程 $ax_2+bx+c=0$ 的解。

4. 假设工资税率如下，其中 s 代表工资，r 代表税率。

s<500	r=0%
500<=s<1000	r=5%
1000<=s<2000	r=8%
2000<=s<3000	r=10%
3000<=s	r=15%

编写一个程序，实现从键盘输入一个工资数，输出实发工资数。要求使用 switch 语句。

第 6 章 　循环结构

本章简介：

通过对前面章节的学习，我们已经掌握了条件结构，但是这些并不足以解决软件开发过程中遇到的所有问题。结构化程序设计包括顺序结构、条件结构和循环结构三大基本结构。其中，循环结构是应用程序中的常见结构之一，可以利用计算机强大的计算能力，让程序实现繁重的计算任务。同时，循环结构还可以简化程序编码，更好地实现理想的效果。

在日常生活中，循环无处不在，人们每天都在不停地重复着相同的事情或者动作。例如，骑自行车时不停地踩踏板，这样重复踩踏板的动作才能够使自行车前进。编写程序的目的就是为了将人们从复杂的事务中解放出来，所以在程序中引入了"循环"的概念。使用循环结构可以使程序重复执行一系列计算机指令，来处理重复的操作。在 C 语言中，循环结构主要包含 while 循环结构、do-while 循环结构以及 for 循环结构。

本章将详细讲解 C 语言中的 while 循环结构、do-while 循环结构以及 for 循环结构，包括语法、工作原理、用法及区别等。

理论课学习内容：

- while 循环
- do-while 循环
- while 循环和 do-while 循环的区别
- for 循环
- break 语句和 continue 语句

6.1　循环

在进行软件编程时，经常会执行重复性的操作。例如，使用顺序流程编写 C 语言程序，实现打印 5 行 "Hello C!"，见示例 6.1。

示例 6.1

```
#include<stdio.h>
void main()
{
    printf("Hello C!");
    printf("Hello C!");
    printf("Hello C!");
    printf("Hello C!");
    printf("Hello C!");
}
```

以此类推，若要打印 100 行"Hello C!"，使用上述方法实现则需要重复编写 100 行 "printf("Hello C!");"代码，这样的解决方式显然并不可取。为了简化程序代码，在程序中引入了"循环"的概念，用于解决重复执行某些操作的问题。使用循环结构改写示例 6.1，见示例 6.2。

示例 6.2

```
#include<stdio.h>
void main()
{
    int i=0;
    while(i<=5)
    {
        printf("Hello C!");
        i++;
    }
}
```

若需要输出 100 行"Hello C!"，只需要将示例 6.2 中的"i<5"改为"i<100"即可。使用循环结构之后，代码的编写将更加简洁，有效避免了重复操作。

分析示例 6.2 不难发现，这种反复执行某些代码的程序处理过程称为循环，无论是在生活中还是在 C 语言中，所有的循环都存在以下两个特点：

（1）循环不是无休止进行的，满足一定条件时，循环才会继续，称之为"循环条件"，循环条件不满足时，循环将会终止。

（2）循环是反复执行相同类型的一系列操作，称为"循环操作"和"循环体"。

例如滚动的车轮、打印 20 份试卷，这些都是生活中循环，表 6-1 列举了两种循环的共同特征。

表 6-1　两种循环的共同特征

循环	循环条件	循环操作
打印 20 份试卷	试卷数量小于 20	打印一份试卷，已打印试卷数量加一
滚动的车轮	未到达目的地	车轮滚动一圈，离目的地更近

因此，循环结构是指重复循环操作，直到循环条件不成立为止。C 语言中的循环结构有三种实现方式：while 循环、do-while 循环及 for 循环。在实际软件开发过程中，可以根据不同的需求选择合适的循环结构来实现循环。

6.2　while 循环

while 循环是 C 语言中比较常用的循环结构之一，先判断循环条件，再执行循环操作语句。语法：

```
while(表达式)
{
    循环语句;
}
```

其中：

（1）while 是 C 语言中的关键字。

（2）表达式通常是关系表达式或逻辑表达式。

（3）循环语句可以是一条简单语句，也可以是有多语句构成的复合语句，当仅存在一条语句时，括号可以省略。

while 循环执行过程如图 6-1 所示。

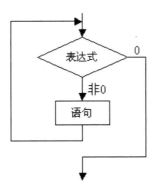

图 6-1　while 循环执行过程

先计算循环条件的结果，若为真，则循环条件成立，执行循环操作，重复上述过程，直到循环条件的结果为假时退出 while 循环，转而执行 while 循环之后的语句。

注意： while 循环的次数通常不能事先确定，需要根据循环条件来判断，若循环条件开始就为假，则循环体一次也不执行。

编写 C 语言程序，计算 1～100 之间所有自然数之和。

此为累加求和的问题：第 1 次累加 1、第 2 次累加 2……第 100 次累加 100，每次累加的操作，可以视为一个循环，需要循环 100 次。定义 int 类型变量 sum，用于存储自然数的累加值，设置初始值为 0，定义 int 类型变量 count 作为循环控制变量，设置初始值为 1，要将 1、2、3……100 累加至 sum 中，只需将 count 反复累加至 sum 中，且每次累加完毕，将 count 自增 1。

通过分析可得：

循环条件：count<=100

循环操作：sum+=count;count++;

程序代码见示例 6.3。

示例 6.3

```
#include<stdio.h>
void main()
{
    int count=1,sum=0;
    while(count<=100)
    {
        sum+=count;
        count++;
    }
```

```
        printf("1-100 自然数之和：%d",sum);
    }
```

使用 while 循环结构解决问题的常用步骤：

（1）分析循环条件和循环体。

（2）套用 while 循环结构语法。

（3）查询循环是否能够正常退出。

编写 C 语言程序，对输入的一组整数分别统计其中正整数和负整数的个数，0 作为结束标志。定义 int 类型变量 num，用于储存用户输入的数据；定义两个 int 类型变量 sum1、sum2，用于存储正整数和负整数的个数。设置初始值为 0，通过 scanf 读取一组数据并依次存储于变量 num 中，并对 num 的值进行判断。若大于 0，则 sum1++;；若小于 0，则 sum2++;；若为 0，则循环结束。

通过分析可得：

循环条件：num!=0

循环操作：

```
    if(num>0)
        sum1++;
    if(num<0)
        sum2++;
    scanf("%d",num);
```

程序代码见示例 6.4。

示例 6.4

```
    #include<stdio.h>
    void main()
    {
        int num;
        int sum1=0,sum2=0
        printf("请输入一组整数（以 0 作为结束符）：");
        scanf("%d",num);
        while(num!=0)
        {
            if（num>0）
                sum1++;
            if(num<0)
                sum2++;
            scanf("%d",num);
        }
        printf("正整数：%d\n 负整数：%d",sum1,sum2);
    }
```

使用循环结构不仅可以简化代码，还可以解决许多我们之前力所不能及的问题，但在使用循环结构时很容易出现问题。

已打印 5 行"Hello C！"为例。

错误一：循环一次也不执行，循环代码如下：

```
    int i=1;
    while(i>5)
    {
        printf ("Hello C!");
        i++;
    }
```

运行程序，发现循环一次也没有执行。分析代码发现，i 初始值为 1，循环条件 "i>5"，循环条件为假，循环退出。修改循环条件为 "i<=5"。

错误二：循环执行次数错误，循环代码如下：

```
    int   i=1;
    while(i<5)
    {
        printf("Hello C!");
        i++;
    }
```

运行程序，发现循环仅执行 4 次。分析代码发现，当循环第 4 次执行完毕，i 的值为 5，循环条件 "i<5"，循环条件为假，循环退出。修改循环条件为 "i<=5"。

错误三：死循环，循环代码如下：

```
    int i=1;
    while(i<=5)
    {
        printf("Hello C!");
    }
```

运行程序，发现循环一直执行，不能终止，此类循环称为死循环，在编写程序时应避免出现死循环。分析代码发现，每次循环 i 的值都是 1，循环条件 "i<=5" 永远成立，循环无法退出。修改循环体，添加代码 "i++"。

注意：编写循环结构的代码出错时，仔细分析循环初始条件、循环条件以及循环体执行过程，即可发现问题，解决问题。

6.3 do–while 循环

与 while 循环不同，do-while 循环先执行循环操作语句，再判断循环条件，即使循环条件不成立，循环体也至少执行一次。

语法：

```
    do
    {
        循环语句;
    }while(表达式);
```

其中：

（1）do、while 是 C 语言中的关键字。

（2）while(表达式)之后的分号 ";" 不能省略。

（3）表达式通常是关系表达式或逻辑表达式。

（4）循环语句可以是一条简单语句，也可以是由多条语句构成的复合语句。当仅存在一条语句时，括号可以省略。

do-while 循环的执行过程如图 6-2 所示。

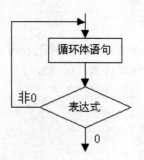

图 6-2　do-while 循环执行过程

先执行一次循环操作，在计算循环条件的结果，若为真，则循环条件成立，执行循环操作，重复上述过程，直到循环条件的结果为假时退出 do-while 循环，转而执行 do-while 循环之后的语句。

编写 C 语言程序，实现猜数字游戏。

猜数字游戏：首先确定一个所猜的数，游戏过程会经过若干轮，直到玩家猜中为止。可以使用循环结构实现，每一轮猜数字的过程，先有玩家给定一个数字，再将该数字与确定的数进行比较，并给出相应的提示，之后判断游戏是否终止。循环执行的过程符合 do-while 循环先执行后判断的特点，所以使用 do-while 循环实现比较合适，见示例 6.5。

示例 6.5

```
#include<stdio.h>
void main()
{
    int random=76;     //产生一个 0～99 之间的随机数
    int guess;
    do
    {
        printf("请输入所猜数字：");
        scanf("%d",&guess);
        if(guess>random)
            printf("太大");
        if(guess<random)
            printf ("太小");
    }while(random!=guess);
    printf("恭喜你猜中了！游戏终止！");
}
```

6.4　while 循环和 do-while 循环的区别

while 循环和 do-while 循环在语法、执行过程、使用场合等相互之间存在一定区别。表 6-2 列举了两种循环之间的区别。

表 6-2 while 循环和 do-while 循环的区别

	while 循环	do-while 循环
相同点	实现循环结构	
	适用于循环次数未知的情况	

不同点	While(循环条件)
	{
	循环操作;
	}
		do
		{
		循环操作;
		}while(循环条件);

	先判断后执行	先执行后判断
	一开始循环条件为假，循环一次也不执行	一开始循环条件为假，循环至少执行一次

6.5 for 循环

6.5.1 for 循环概述

使用 while 循环或 do-while 循环可以很轻松地解决打印 5 行"Hello c!"的问题，代码如下：

```
int i=1;
While(i<=5)
{
    printf("Hello c!");
}
```

从上述代码中，可以发现，循环次数由以下三个要素决定：

（1）初始部分（i=1）。

（2）循环条件（i<=5）。

（3）迭代语句（i++）。

这些要素可以使用更简单的 for 循环实现，for 循环是 C 语言中的另一种循环结构的实现。在很多情况下，使用 for 循环更加简洁、清晰。修改上述代码，使用 for 循环实现。

```
for(i=1;i<=5;i++)
{
    printf("Hello c!");
}
```

可以看出，两段代码运行效果一致，但使用 for 循环实现更为简洁。

在 for 循环中，for 关键字之后集中了控制循环次数的三个要素，方便程序员阅读。

例如，在 for（i=1;i<=5;i++)结构中，"i=1;"指代初始部分，"i<=5;"指代循环条件，"i++"指代迭代部分。

for 循环是循环结构中使用最广泛的一种循环控制语句，特别适用于已知循环次数的情况。

语法：

```
for(表达式 1;表达式 2;表达式 3)
{
```

```
        循环体操作；
    }
```

语法说明：

表达式 1 称为初值表达式，用于为循环控制变量赋初始值，通常为赋值表达式。

表达式 2 称为条件表达式，用于判断循环的条件是否成立，当循环控制变量满足表达式时，循环正常执行，通常为关系表达式或逻辑表达式。

表达式 3 称为修改表达式，用于修改循环控制变量的值，通常对循环控制变量进行自增或自减的操作。

注意： 循环操作若仅有一条语句，则可以省略花括号 {}，建议不省略。

for 循环的执行过程如图 6-3 所示。

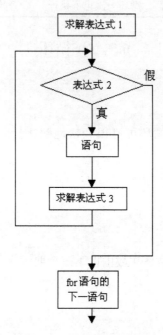

图 6-3   for 循环的执行过程

首先，计算表达式 1 的值，将其作为循环控制变量的初始值。其次，判断循环控制变量是否满足表达式 2，若表达式 2 结果为真，则执行循环操作，之后执行表达式 3，调整循环控制变量的值，再判断表达式 2 的结果，如此重复，直至表达式 2 的结果为假为止，结束 for 循环的执行，继而执行 for 循环之后的代码。

注意： 在 for 循环的执行过程中，表达式 1 仅会在第一次循环执行前执行一次，而表达式 2 和表达式 3 则在每次循环过程中均会执行。

6.5.2   for 循环的使用

编写 C 语言程序，使用星号 "*" 打印矩形，如图 6-4 所示。

通过分析不难发现，循环需要执行 40 次，每次打印一个 "*"，当打印至第 10 个、第 20 个、第 30 个 "*" 之后换行打印。循环次数明确，可使用 for 循环实现，见示例 6.6。

```
*********
*********
*********
*********
```

图 6-4　输出的矩形

示例 6.6

```c
void main()
{
    for (int i=1; i<=40; i++)
    {
        printf("*");
        if (i%10==0)
        {
            printf("\n");
        }
    }
}
```

编写 C 语言程序，输入一个学生的 5 门课程成绩，求其平均成绩。

计算平均成绩，首先需要计算成绩总和，这是一个累加的过程，且需要累加次数确定，因此，可以使用 for 循环实现，见示例 6.7。

示例 6.7

```c
void main()
{
    int sum = 0, score;
    int i;
    for (i=1; i<=5; i++)
    {
        printf("请输入第%d 门课程成绩：",i);
        scanf("%d",&score);
        sum+=score;
        printf("学生考试的平均成绩：%.2f", sum/5.0);
    }
}
```

在使用 for 循环时，需要特别注意：

for 循环的执行次数由表达式 1、表达式 2 及表达式 3 共同决定，见表 6-3。

表 6-3　表达式与循环次数的示例

表达式 1	表达式 2	表达式 3	执行次数
i=0	i<10	i++	10
i=0	i<=9	i++	10
i=10	i>0	i--	10
i=9	i>=0	i--	10

通过表 6-3，可以总结出规律，从而准确地编写 for 循环中的表达式，确保循环次数的正确性，见表 6-4。

表 6-4　表达式与循环次数的规律

表达式 3	循环条件
i++	i<(i 的初始值+循环次数)
	i<=(i 的初始值+循环次数+1)
i--	i>(i 的初始值-循环次数)
	i>(i 的初始值-循环次数+1)

例如，当要求循环次数为 13 且循环控制变量初始值为 11 时，for 循环结构如下：

```
for( i=11;i<24;i++) {…}
for( i=11;i<=23;i++) {…}
for( i=11;i>-2;i--) {…}
for( i=11;i>=-1;i--) {…}
```

for 循环的语法结构非常灵活，表达式 1、表达式 2 及表达式 3 均可以省略，甚至可以同时省略，但 3 个表达式之前的 ";" 不能省略。

```
for(;表达式 2;表达式 3)
```

表达式 1 用于对循环控制变量进行初始化，省略 for 循环的表达式 1，则将出现语法错误，可将表达式 1 放置于 for 循环结构前，例如：

```
int i=1;
for(;i<=5;i++)
{
    printf("Hello c!");
}
for（表达式 1;;表达式 3）
```

表达式 2 用于判断循环条件是否成立，省略 for 循环的表达式 2，即不需要判断循环条件是否成立，循环条件永远为真。此时，程序将出现死循环，可以在循环操作中添加 break 语句，用于满足条件时跳出 for 循环。例如：

```
for（i=1;;i++)
{
    if(i>5)
        break;//终止循环
    printf("Hello C!");
}
for(表达式 1;表达式 2;)
```

表达式 3 用于修改循环控制变量的值，省略 for 循环的表达式 3，即在循环过程中不改变循环控制变量的值，i 的值将恒为 1，循环条件永远为真。此时，程序同样出现死循环，可以将表达式 3 放置于死循环操作中。例如：

```
for(i=1;i<=5;)
{
    printf("Hello c!");
}
for(;;)
```

省略 for 循环的三个表达式也将出现死循环，可以在循环操作中添加 break 语句，用于在满足条件时跳出 for 循环。例如：

在 for 循环的语句中，允许省略其中部分或全部的表达式，此时，语法无误，但逻辑上存在问题，因为缺少了循环所必须的部分。建议书写 for 循环结构时注意完整性，尽量不要省略其中任何一个表达式。

在 for 循环结构的表达式 1 和结构表达式 3 中，允许出现多个表达式，使用逗号 "," 隔开。例如，接收用户输入的一个数字，输出该数字的加法表，见示例 6.8。

示例 6.8

```c
#include<stdio.h>
void main()
{
    int num;
    int i;
    printf("请输入一个数字：");
    scanf("%d",&num);
    printf("数字%d 的加法表如下：",num);
    for(i=0,j=num-1;i<num;i++,j--)
    {
        printf("%d+%d=%d",i,j,num);
    }
}
```

表达式 1 同时为 i 和 j 赋初始值，表达式 3 同时改变 i 和 j 的值，表示在循环结构中可以存在多个循环变量。在这种特殊形式的表达式中，运算顺序从左至右。每次循环操作执行完毕，先对 i 自增 1，再对 j 自减 1。

6.5.3 三种循环的区别

while、do-while 和 for 三种循环语句形式各不相同，相互之间有一定的区别，但三者主要是由循环条件和循环体结构。

while 和 do-while 通常用于循环次数未知的场合，for 循环通常用于循环次数已知的场合。

使用 while 循环和 do-while 循环时，循环控制变量的初始化通常在 while 循环和 do-while 循环之前完成，而使用 for 循环则在语法结构的表达式 1 中完成。

使用 while 循环和 do-while 循环时，循环条件通常出现在 while 关键字之后的表达式中。在循环体中，除了包含重复执行的操作外，还需存在能够改变循环条件结果的语句，而 for 循环中的循环条件通常出现在语法结构的表达式 2 中。语法结构的表达式 3 用于修改循环控制变量的值，从而改变循环条件的结果。循环体中仅包含重复执行操作，使语句更加简洁。

while 循环和 for 循环是先判断后执行的循环结构。若循环条件一开始就不成立，则循环体一次也不执行（即循环次数可能为 0 次或多次），do-while 循环是先执行后判断的循环结构，无论循环条件是否成立，循环体至少执行一次（即循环次数可能为 1 次或多次）。

for 循环功能更大，能够使用 while 和 do-while 实现循环，几乎都可以使用 for 循环替换。对于同一个问题，既可以使用 while 循环和 do-while 循环实现，也可以使用 for 循环实现，三种循环之间可以相互转换。但在实际运用过程中，则需要根据具体情况选择不同的循环结构实现。选择原则如下：

（1）循环次数已知的循环的问题，通常使用 for 循环实现；循环次数未知的循环问题，通常使用 while 循环和 do-while 循环实现。

（2）在循环执行的过程中，若是先判断循环条件，再执行循环操作，则通常使用 while 循环和 for 循环实现；若先执行循环操作，再判断循环条件，则使用 do-while 循环实现。

6.6 break 语句和 continue 语句

只有在循环条件不成立的情况下，才可以退出循环的执行。例如，沿着运动场跑 5 圈，可以将该过程视为一个循环，只有跑完 5 圈才可以终止循环。但在实际情况中，由于个人的身体素质等问题，会出现未完成任务的情况，就需要终止循环。在程序执行过程中同样如此，有时需要根据需求终止循环或进入下一次循环，有时需要从程序的一个部分跳转至程序的其他部分，此时，可以使用跳转语句来实现。C 语言支持三种形式的跳转语句：break 语句、continue 语句和 return 语句。而在循环结构中常用的是 break 语句和 continue 语句。

6.6.1 break 语句

break 语句作为中断处理语句，只能用在 while、do-while、for 及 switch 结构中，用于中断当前结构的执行，通常和条件语句一同使用。当满足一定条件时，程序立即退出当前语句结构，转而执行该语句结构后的语句。

在 C 语言中，switch 结构的每一个 case 项都需要使用 break 来结束，当程序执行到 break 语句时，退出当前所在的 switch 结构。break 语句也可在循环结构中使用，用于跳出循环，即提前结束循环，

break 语句的执行过程，如图 6-5 所示。

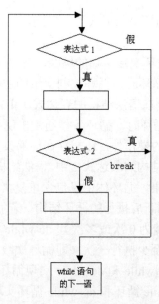

图 6-5　break 语句的执行过程

编写 C 语言程序，输入一个数字，判断该数字是否为质数。

只能被 1 和其本身整除的数字，称为质数。判断一个数字 n 是否为质数，则需要判断该数字能否被 2～n-1 之间的数字整除，若这样的数字不存在，则数字 n 为质数，否则，数字 n 不为质数。循环次数明确，可以使用 for 循环实现，在进行整除判断的过程中，若存在可以整除 n 的数字，则可以终止循环，此时，可证明该数字 n 不是质数，见示例 6.9。

示例 6.9

```
#include<stdio.h>
void main()
{
    int num;
    int flag=0,i;
    printf("请输入一个数字：");
    scanf("%d",&num);
    for(i=2;i<num;i++)
    {
        if(num%i==0)
        {
            flag=1;
            break;
        }
    }
    if(flag)
        printf("%d 为非质数",num);
    else
        printf("%d 为质数",num);
}
```

6.6.2　continue 语句

continue 语句只能用于循环语句中，通常和条件语句一同使用。当满足一定条件时，终止本次循环，跳转至下一次循环。

在循环结构中，当执行至 continue 语句时，程序将跳过循环体中位于 continue 语句之后的语句，而提前结束本次循环，进行下一次循环，即用于加速循环的执行。

continue 语句的执行过程，如图 6-6 所示。

从图 6-6 中可以看出：在循环中，continue 语句使程序跳转至循环条件。

在 for 循环中，continue 语句使程序跳转至表达式 3，改变循环控制变量的值后再进行表达式 2 的判断。

编写 C 语言程序，输出 1～10 之间的所有正整数，3 的倍数除外，见示例 6.10。

示例 6.10

```
#include<stdio.h>
void main()
{
    int i;
    for(i=1;i<=10;i++)
```

```
        {
            if(i%3==0)
                continue;
            printf("%d",i);
        }
    }
```

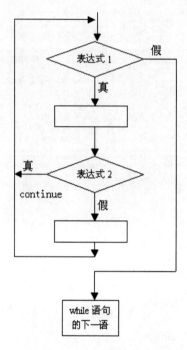

图 6-6 continue 语句的执行过程

6.6.3 break 语句与 continue 语句的区别

break 语句可以在循环中使用，用于结束循环执行；continue 语句只能在循环中使用，用于结束本次循环，进入下一次循环。

编写一个程序，对用户输入的数据进行处理，若输入为 0，则结束循环；若输入为负整数，则不作任何处理，进行下一次循环。若输入为正整数，则输出该数据，见示例 6.11。

示例 6.11

```
#include<stdio.h>
void main()
{
    int num;
    while(2)
    {
        printf("请输入一个整数：");
        scanf("%d",&num);
        if(num==0)break;
```

```
        else if(num<0)continue;
        else printf("输入的数字%d",num);
    }
}
```

本章总结

● 循环结构是指重复循环操作，直到循环条件不成立为止。
● C 语言中的循环结构存在三种实现方式：while 循环结构、do-while 循环结构、for 循环结构。
● while 循环是先判断循环条件再执行循环操作，若一开始循环条件为假，则循环一次也不会执行；do-while 循环是先执行循环操作再判断循环条件，若一开始循环条件为假，则循环至少执行一次。
● for 循环相比 while 循环和 do-while 循环更加常用，是使用最广泛的循环。
● for 循环中的表达式 1 称为初值表达式，用于为循环变量赋初始值，通常为赋值表达式。
● for 循环中的表达式 2 称为条件表达式，用于判断 for 循环的条件是否成立，通常为关系表达式或逻辑表达式。
● for 循环中的表达式 3 称为修改表达式，用于修改循环控制变量的值，通常对循环变量进行自增或自减。
● for 循环的语法结构非常灵活，表达式 1、表达式 2 以及表达式 3 均可以省略，甚至可以同时省略，但 3 个表达式之间的 ";" 不能省略。
● break 语句可以在循环结构中使用，用于跳出循环，即提前结束循环。
● continue 语句只能在循环结构中使用，用于终止本次循环，并且跳转至下一次循环。

本章作业

一、选择题

1. 下列关于 switch 语句和 break 语句的结论中，正确的是（　　）。
   A．break 语句是 switch 语句中的一部分
   B．在 switch 语句中可以根据需要使用或不使用 break 语句
   C．在 switch 语句中必须使用 break 语句
   D．break 语句只能用于 switch 语句中
2. 下列语句中，错误的是（　　）。
   A．while(x=y) 5;　　　　　　　　B．do x++ while(x==10);
   C．while(0);　　　　　　　　　　D．do 2;while(a==b);
3. 以下不构成死循环的语句或语句组是（　　）。
   A．n=0;　　　　　　　　　　　　B．n=10;
   　　do{++n;}while(n<=0);　　　　　　while(n);{n--;}

C．n=0;   D．for(n=0,i=1; ;i++)n+=i;

    while(1){n++;}

4．若变量已正确定义，有以下程序段：

```
i=0;
do printf("%d,",i);
while(i++);
printf("%d\n",i);
```

其输出结果是（　　）。

A．0,0   B．0,1   C．1,1   D．程序进入无限循环

5．有以下程序：

```
main()
{int i;
 for(i=1;i<=40;i++)
   {
     if(i++%5= =0)
     if(++i%8= =0)
        printf("%d",i);
   }
   printf("\n");
}
```

A．5   B．24   C．32   D．40

二、填空题

1．以下程序段的输出结果是＿＿＿＿＿＿＿。

```
int k,n,m;
n=10;
m=1;
k=1;
while(k++<=n) m*=2;
printf("%d\n",m);
```

2．当执行以下程序段后，i 的值是＿＿＿＿＿＿＿，j 的值是＿＿＿＿＿＿＿，k 的值是＿＿＿＿＿＿＿。

```
int a,b,c,d,i,j,k;
a=10;b=c=d=5;i=j=k=0;
for( ;a>b;++b) i++;
while(a>++c) j++;
do k++; while(a>d++);
```

3．有以下程序段：

```
s=1.0;
for(k=1;k<=n;k++) s=s+1.0/(k*(k+1));
printf("%f\n",s);
```

请填空，使下面的程序段的功能完全与之等同。

```
s=0.0;
＿＿＿＿＿＿＿;
k=0;
```

```
do
{s=s+d;
_____;
d=1.0/(k*(k+1));
}
  while(_____);
printf("%f\n",s);
```

三、编程题

1. 编写程序，求 1-3+5-7+…-99+100 的值。
2. 编写程序，打印以下图形：

```
   *
  ***
 *****
*******
 *****
  ***
   *
```

第 7 章　数组

本章简介：

通过对前几章的学习，我们掌握了程序流程控制的三种结构：顺序结构、条件结构和循环结构。使用这些结构可以帮助我们解决编写程序中遇到的很多问题。

在第 2 章中，我们学习了变量的概念，理解了编写计算机程序的目的在于对数据进行计算或处理。该过程会产生很多临时数据，可以使用变量对这些临时数据进行储存，以便在程序执行过程中反复使用。但是变量的使用存在局限性，即一个变量只能存储一个数据，当数据的存储量较大且使用频繁时，使用变量存储和操作数据较为不合理。例如，存储一个班级中 30 位学生的 C 语言考试成绩，并获取其中最高成绩、最低成绩及平均成绩。此时，定义 30 个变量可以达到存储数据的目的，但是数据的操作过程过于复杂且程序代码冗长、程序结构不清晰。

为了便于对多个数据进行存储和操作，C 语言引入了数组的概念。数组是指将具有相同类型的若干变量按照有序的形式组织起来，从而形成按顺序排列的同种类型数据元素的集合。本章将讲解数组的基本概念、作用，重点在于如何定义及使用数组。

理论课学习内容：

- 数组概述
- 一维数组
- 二维数组
- 数组的应用

7.1　数组概述

在编写程序时，经常需要在程序执行的过程中储存数据，数据的储存和操作可以通过变量实现。例如，存储一位学生的 C 语言成绩，并为其 C 语言成绩提升 5 分。代码如下：

```
int score = 76;
score += 5;
```

使用变量可以非常方便地解决此类问题，但是在程序设计过程中，通常需要存储和操作多个数据，此时，仍可以使用变量实现。例如，存储 30 位学生的 C 语言成绩，并为其 C 语言成绩提升 5 分。代码如下：

```
int score1=76;
int score2 = 87;
......
int score29 = 55;
int score30 =90;
score1 += 5;
```

```
score2 += 5;
......
score29 +=5;
score30 += 5;
```

使用上述方法编写程序，可以达到数据存储的目的，但数据操作过于复杂且程序代码冗长。因此，在 C 语言中，为了方便对多个数据进行存储和操作，引入了数组的概念。

7.1.1 数组简介

在现实生活中的超市的入口处，摆放着很多的电子储物柜，每个电子储物柜均由若干个储物箱构成，顾客可以在进入超市之前，将自己的个人物品存储在储物箱中，然后通过储物柜的名称及储物箱的编号来进行存取。

通过归纳可知，电子储物柜具有以下特点：

（1）电子储物柜中储物箱提供存放物品的空间，且规格一致。

（2）同一个电子储物柜中，每一个储物箱的位置是连续的。

（3）每一个电子储物柜存在唯一的名称，其中对每一个储物箱都进行了编号。

这种方式可以有效地存储大量的物品，且存取时非常方便。因此，C 语言中引入了此种方式，用于存储一组需要进行操作的数据，即数组。

数组，就是将具有相同类型的若干变量按照有序的形式组织起来，从而形成按序排列的同种类型数据元素的集合。

7.1.2 数组的特点

数组在内存中的形式与电子储物柜非常类似，如图 7-1 所示。

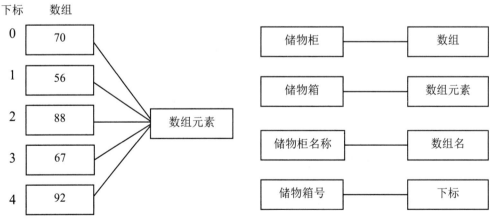

图 7-1 内存中的数组

分析图 7-1 可知，数据具有以下几个特点：

（1）数组中存储的数据称为数组元素，同一个数组中的数组元素必须具有相同的数据类型，且在内存中连续分布。

（2）无论数组中包含多少个数组元素，该数组只存在一个名称，即数组名。

（3）数组元素按顺序进行存储和编号，数组元素的编号称为下标，在 C 语言中，数组的下标从 0 开始。

（4）数组元素均存在下标，可以通过"数组名[下标]"的方式访问数组中的任何元素。

（5）数组的长度指数组可以存储元素的最大个数，在创建数组时确定，操作数据时需防止下标越界的错误，首元素下标为 0，最后一个元素下标为"数组的长度-1"。

7.1.3 数组的分类

在 C 语言中，存在多种形式的数组。

（1）按照数组元素数据类型的不同，可以将其分为整型数组、字符型数组和浮点型数组等。

（2）按照数组的维数不同，可以将其分为一维数组、多维数组及交错数组等。

7.2 一维数组

在 C 语言中，最常用的数组是一维数组，一维数组通常用于处理一组数据或数列问题。例如，存储一个班级中所有学生的成绩。一维数组的存储结构类似于电子储物柜中的一行或一列，如图 7-2 所示。

double grades[6]

78.8	96	67	72	85.5	78

图 7-2 一维数组存储结构

数组的使用类似于变量的使用，分为以下步骤：

（1）声明数组。

（2）初始化数组。

（3）引用数组。

7.2.1 数组的声明

声明数组是使用数组的第一步，需要说明数组元素的类型、个数及数组的名称，并在内存中分配空间。

语法：

    数据类型 数组名[数组长度];

其中：

（1）数据类型可以为 C 语言中所支持的任意数据类型。

（2）数组名必须满足命名规则，类似于变量命名规则。

例如：int age[20]; //声明整型数组，用于储存年龄

注意：

（1）"[]"不能省略，且必须出现在数组名之间。

（2）在声明数组时，数组的长度不能省略，可以为常量、变量或表达式，但不能使用变量表示数组的长度。例如：

```
int i=20;int age[i];                //错误
```

7.2.2　数组的初始化

声明数组将会为数组分配内存空间，之后便可在数组中存储数据，通过数组的下标为数组进行初始化。

语法：

```
数组名[下标] = 值;
```

例如：

```
int age [10];
age [0] =18;
age [1]=20;
age [2]=20;
......
age [9]=20;
```

使用上述方式进行初始化，操作过于频繁。由于数组中数据元素通常具有相同的处理方式，所以数组和循环常结合使用，从而简化了代码，提高了执行效率。例如：

```
int age [10];
for (int i = 0; i<10; i++)
{
    scanf("%d", &age [i]);
}
```

在 C 语言中，可以直接在声明数组时进行初始化。

语法：

```
数据类型  数组名[数组长度] = {值 1,值 2,...,值 n};
```

例如：

```
int age[10] = {17,16,18,21,24,22,21,19,20,17};
```

注意：

```
int age[10];
age = {17,16,18,21,24,22,21,19,20,17};        //错误
```

7.2.3　数组的引用

数组元素初始化完毕后，可以通过下标对数组中的元素进行存取。

示例 7.1　编写 C 语言程序，输入三个学生的基本信息（姓名、成绩），为第二位学生成绩提升 5 分并根据用户输入的索引显示对应的学生信息。

```
#include<stdio.h>
void main()
{
    double score [3];
    for (int i = 0; i < 3; i++)
    {
        printf("请输入第%d 为学生的基本信息： ",i+1);
        printf("成绩:");
        scanf("%f",&score [i]);
```

```
}
//为第二个学生提分
score [1] +=5;
if (score[1]>100)
score[1]=100;
printf("第二位学生提分成功,提分之后的分数为：%f",score [1]);
printf("请输入需要查看学生索引：");
scanf("%d",&index);
if (index >= 1 && index <= 3)
{
    //显示学生基本信息
    printf("-------------------------------------------------");
    printf("学生的基本信息：");
    printf("分数：%f",score [index - 1]);
}
else
    printf("无效索引");
}
```

7.3　数组的应用

数组是程序开发过程中最常用的存储数据的结构之一，常与循环配合使用，特别是 for 循环，用于解决程序中比较复杂的问题。程序中很多经典的算法均涉及到数组的应用，数组最基本的应用包括数据元素的遍历，以及最大值、最小值的判断等。

7.3.1　遍历数组元素

在操作数组元素时，经常针对数组中所有的元素进行。此时，需要将数组中所有的数据使用下标进行遍历，遍历时使用 for 循环更为方便。

示例 7.2　输出所有员工的薪水。

```
#include<stdio.h>
void main()
{
    int    salaryList [5];
    printf("---------------------------");
    printf ("北京明日软件公司员工薪水表");
    printf ("---------------------------");
    for (int i =0; i < 5; i++)
    {
        printf ("请输入员工%d 的薪水：",i+1);
        scanf("%d",&salaryList [i]);
    }
    printf ("员工的薪水：");
     for(int i =0; i < 5; i++)
    {
        printf ("%d",salaryList[i]);
    }
}
```

7.3.2　求最大值和最小值

在现实生活中，经常会对一组数据求最大值和最小值，而最大值和最小值的判断可以借助数组来实现。

以求最大值为例，最大值即一组数据中最大的值。获取最大值的过程类似于古装电影中的打擂比武，第一个上擂台的人是擂主，然后与下一个竞争对手比武，若取胜，则第一个人仍是擂主，否则，竞争对手便成为擂主，然后擂主继续与之后的竞争对手比武，以此类推，最后站在擂台上的擂主便是本次比武的胜利者。

示例 7.3　求员工的最高工资和最低工资。

```c
#include<stdio.h>
void main()
{
    int salaryList [5];
    printf ("-------------------------");
    printf ("北京明日软件公司员工薪水表");
    printf ("-------------------------");
    for (int i =0; i < 5; i++)
    {
        printf ("请输入员工%d 的薪水：",i+1);
        scanf("%d",&salaryList [i]);
    }
    // 进行循环比对，找出最大值、最小值
    int max = salaryList [0] , min = salaryList [0];
    for (int i = 0; i <5; i++)
    {
        if (max < salaryList [i])
        {
            max = salaryList [i];
        }
        if (min > salaryList [i])
        {
            min= salaryList [i];
        }
    }
    printf (" 员工薪水最高为%d,最低为%d",max,min);
}
```

7.4　二维数组

7.4.1　二维数组的定义

前面介绍的数组只有一个下标，称为一维数组，其数组元素也称为单下标变量。在实际问题中有很多量是二维的或多维的，因此 C 语言允许构造多维数组。多维数组元素有多个下标，以标识它在数组中的位置，所以也称为多下标变量。本节只介绍二维数组，多维数组可由二维数组类推而得到。

二维数组定义的一般形式是：

　　　　类型说明符　数组名[常量表达式 1][常量表达式 2];

其中常量表达式 1 表示第一维长度，即行数；常量表达式 2 表示第二维的长度，即列数。例如：

　　　　int a[3][4];

说明了一个三行四列的整形数组，数组名为 a。该数组的元素共有 3×4 个，即：

　　　　a[0][0],a[0][1],a[0][2],a[0][3]　　　第 0 行
　　　　a[1][0],a[1][1],a[1][2],a[1][3]　　　第 1 行
　　　　a[2][0],a[2][1],a[2][2],a[2][3]　　　第 2 行

在 C 语言中，二维数组是按行存放的，即先存放第 0 行，再存放第 1 行，最后存放第 3 行。每行中有四个元素也是依次存放。由于数组 a 说明为 int 类型，该类型占两个字节的内存空间，所以每个元素均占两个字节。

说明：我们可以把二维数组 a 看作是一个特殊的一维数组，包含三个数组元素 a[0]、a[1]、a[2]，每个数组元素又是一个一维数组，分别包含 4 个 int 类型的元素。

7.4.2　二维数组元素的声明

二维数组的元素也称为双下标变量，其定义的形式为：

　　　　数据类型　　数组名[下标][下标]

例如：

　　　　int a[3][4];

7.4.3　二维数组的初始化

二维数组的初始化也是在类型说明时给数组各元素赋以初值。二维数组可按行分段赋值，也可按行连续赋值。

例如对数组 a[5][3]：

（1）按行分段赋值可写为：

　　　　int a[5][3]={ {80,75,92},{61,65,71},{59,63,70},{85,87,90},{76,77,85} };

（2）按行连续赋值可写为：

　　　　int a[5][3]={ 80,75,92,61,65,71,59,63,70,85,87,90,76,77,85};

这两种赋初值的结果是完全相同的。

示例 7.4　求数组的第 0 列、第 1 列、第 2 列的平均值以及整个二维数组的平均值。

```
#include<stdio.h>
void main()
{
    int i,j,s=0, average,v[3];
    int a[5][3]={{80,75,92},{61,65,71},{59,63,70},{85,87,90},{76,77,85}};
    for(i=0;i<3;i++)
    {
        for(j=0;j<5;j++)
        s=s+a[j][i];
```

```
            v[i]=s/5;
            s=0;
        }
        average=(v[0]+v[1]+v[2])/3;
        printf("math:%d\nc languag:%d\ndFoxpro:%d\n",v[0],v[1],v[2]);
        printf("total:%d\n", average);
    }
```

对于二维数组初始化赋值还有以下说明：

（1）可以只对部分元素赋初值，未赋初值的元素自动取 0 值。

例如：

```
int a[3][3]={{1},{2},{3}};
```

是对每一行的第一列元素赋值，未赋值的元素取 0 值。赋值后各元素的值为：

1 0 0

2 0 0

3 0 0

```
int a [3][3]={{0,1},{0,0,2},{3}};
```

赋值后的元素值为：

0 1 0

0 0 2

3 0 0

（2）如果对全部元素赋初值，则第一维的长度可以不给出。

例如：

```
int a[3][3]={1,2,3,4,5,6,7,8,9};
```

可以写为：

```
int a[][3]={1,2,3,4,5,6,7,8,9};
```

系统会自动根据赋初值的情况确定行数，一般情况下，行数的确定基于最小化原则：若初值个数能被常量表达式 2 整除，那么商就是第一维的大小，否则第一维的大小为商加 1。

7.4.4 二维数组元素的引用

二维数组的元素也称为双下标变量，其表示的形式为：

数组名[下标][下标]

其中下标应为整型常量或整型表达式，下标是从 0 开始的。

数组元素中 a[2][3]表示 a 数组中第二行第三列的元素。

说明：引用二维数组元素时，行下标值的下限为 0，上限为定义时的行数减 1；列下标值的下限为 0，上限为定义时的列数减 1；在引用时要确认下标不越界，如在定义了 int a[3][4];之后，如果我们引用 a[3][4]这个元素，就会出错，因为此时下标越界。

本章总结

- 数组是指将具有相同类型的若干变量有序排列的同种类型数据元素的集合。
- 数组中存储的数据称为数组元素，同一个数组中的元素必须具有相同的数据类型，且在内存中连续分布。

- 无论数组中包含多少个数组元素，该数组值存在一个名称，即数据名。
- 数组元素按顺序进行存储和编号，数组元素的编号称为下标，在 C 语言中，数组的下标从 0 开始。
- 数组元素均存在下标，可以通过"数组名[下标]"的方式访问数组中的任何元素。
- 数组的长度指数组可以存储元素的最大个数，在创建数组时确定。
- C 语言中存在多种形式的数组。按照数组元素数据类型的不同，可以将其分为整型数组、字符型数组、字符串型数组和浮点型数组等。按照数组的维数不同，可以将其分为一维数组、多维数组及交错数组等。
- 数组的使用类似于变量的使用，分为声明数组、创建数组、初始化数组和引用数组。

本章作业

一、选择题

1. 下列数组定义正确的是（　　）。
    A．#define N 8　int n;
    B．int a[5];
    C．int a(10);
    D．int n=10,a[n];
2. 对以下说明语句的正确理解是（　　）。
    int a[10]={3,4,5,6,7};
    A．因为数组长度与初值的个数不相同，所以此语句不正确
    B．将 5 个初值依次赋给 a[1]至 a[5]
    C．将 5 个初值依次赋给 a[6]至 a[10]
    D．将 5 个初值依次赋给 a[0]至 a[4]
3. 若有 int a[5];定义，则对数组中第三个元素赋值 15 的正确表达式是（　　）。
    A．a[10%5]=15　　　B．a[3]=15　　　C．a(2)=15　　　D．a[7-5]=15
4. 若有 int a[3][4];定义，则对其数组元素的正确引用是（　　）。
    A．a(2)(3)　　　　B．a[3][4]　　　C．a[2,3]　　　D．a[1][2]
5. 下列二维数组的初始化语句中，正确的是（　　）。
    A．float a[3][]={1,2,3,4,5};
    B．int a[][3]={1,2,3,4,5};
    C．int a[2][3]={{0,1},{2,3},{5,4}};
    D．int a[2][3]={(1,2),(3,4)};

二、填空题

1. 以下程序的运行结果是_____。
```
main()
{ int a[4][4]={{4,2,-3,-4},{0,-11,-13,14},{-22,24,0,-24},{-31,32,-33,0}};
  int i,j,s=0;
  for(i=0;i<=3;i++)
   for(j=0;j<=3;j++)
    { if(a[i][j]%2!=0)break;
      if(a[i][j]==0)continue;
```

```
        s=s+a[i][j];
      }
    printf("s=%d\n",s);
  }
```

2．以下程序的运行结果是_____。

```
main()
{   int i,t[][3]={9,8,7,6,5,4,3,2,1};
    for(i=0;i<3;i++)
        printf("%d",t[2-i][i]);
}
```

三、程序设计题

1．编写程序，输入 10 个整数存入一维数组，按逆序重新存放后再输出。

2．编写程序，输入整型一维数组 a[8]，计算并输出 a 数组中所有元素的平均值。

3．输入一个 3 行 4 列的整数矩阵，输出其中最大值、最小值和它们的行列坐标。

4．编写程序，输入一个 5 行 5 列的整数矩阵，判断该矩阵是否为对称矩阵，是则输出 yes；否则输出 no。（说明：对称矩阵的定义是所有第 i 行第 j 列的元素值均等于第 j 行 i 列元素的值。）

第 8 章　函数

本章简介：

通过对前几章的学习，我们掌握了数据的存储、处理及程序流程控制结构，对于程序开发有了初步理解，能够编写出解决实际问题的程序。

随着学习的深入，我们需要解决的问题也越来越复杂，程序中的代码量也越来越大，从而使程序的结构复杂、零乱，甚至出现大量的冗余代码。为了提高代码的重用率，实现结构化的程序设计，C 语言中引入了函数的概念。使用函数不仅可以解决代码重用的问题，而且极大地提高了程序的开发效率，使程序可以按模块进行设计，结构更加清晰。

我们在之前的很多事例中经常使用"printf()"函数向控制台输出消息，非常方便。C 语言之所以强大，原因之一就是存在大量功能强大的函数，但这并不能满足实际的开发需求，通常还需要自定义函数。本章将详细讲解 C 语言中函数的定义和调用。

理论课学习内容：

- 函数
- 函数的定义和调用
- 变量的作用域

8.1　函数概论

8.1.1　函数简介

编写程序的目的在于解决实际问题，在解决一个问题时，可以使用逐步分解、分而治之的方法，即将一个复杂的问题分解为若干个简单的问题，之后分别求解。在程序开发过程中亦是如此，当程序中包含比较复杂的逻辑和功能时，可以将这些功能分解为若干个子功能分别实现，而这些子功能组合在一起，便形成了完整的程序。因此，对程序进行模块化设计，需要将其分解为若干个子程序模块，每个子程序模块实现特定的功能。例如，为了实现整数之间的四则运算功能，从功能上可以将其分解为五个模块，使用某功能是只需要调用相应的模块即可，如图 8-1 所示。

（1）主模块：用于实现程序流程控制。

（2）加法运算模块：用于实现加法运算功能

（3）减法运算模块：用于实现减法运算功能。

（4）乘法运算模块：用于实现乘法运算功能。

（5）除法运算模块：用于实现除法运算功能。

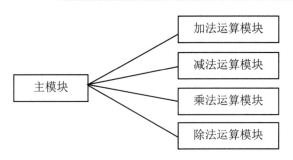

图 8-1　四则运算的模块划分

在 C 语言中，使用函数可以实现程序的模块化设计，使程序设计简单、直观，从而提高程序的可读性和可维护性。函者，匣也，函数的名称准确地说明了它的作用——能实现一定功能的黑匣子。因此，在 C 语言中，函数是指一段被封装起来且能实现一定功能的代码。工作原理类似于加工车间，将原材料送至加工车间，通过加工，车间就能生产出对应的产品。在程序中，调用函数并传递相应的参数，函数就能完成对应的功能。

一个 C 语言程序可以由一个主函数和若干个子函数构成，主函数可以根据程序的需要合理地组织调用其他函数，从而实现程序的整体功能；子函数则用于实现程序的某个功能模块。函数之间完全平等，不存在隶属关系。程序的执行从主函数开始，同一个函数可以被一个或多个函数多次调用，在调用过程中，通过返回值和参数进行数据传递。

8.1.2　函数使用场合

对于以下两种情况，可考虑使用函数实现：

（1）程序中可能重复出现相同或相似的代码，从中抽取出共同的部分，定义为函数，使该功能定义一次却可以多次使用，从而有效减少代码量，提高代码的重用率。

（2）程序中具有逻辑独立性的代码，即使该段代码只出现一次，也可以定义为函数，用于分解程序的复杂性，使程序结构更加清晰，更容易理解。

8.1.3　函数的分类

在之前的示例中，我们已经接触了很多函数，如 main 函数、控制台的输入输出函数等。在 C 语言中，按照函数定义方式的不同，可以将其分为两种：系统函数和自定义函数。

（1）系统函数

由系统定义的函数，称为系统函数，此类函数在程序中无须定义，可以直接调用。在上一章示例 7.3 中，需要获取北京明日软件公司五位员工中的最高工资和最低工资，通过对数组进行排序，可以很方便地获取员工的最高工资和最低工资，见示例 8.1。

示例 8.1

```
#include<stdio.h>
void main()
{
    int salaryList[5];
    printf("--------------------------");
    printf ("北京明日软件公司员工薪水表");
    printf ("--------------------------");
```

```
for (int i = 0; i < 5; i++)
{
    printf ("请输入员工%d 的薪水:", i + 1);
    scanf("%d",&salaryList[i]);
}
//对数组进行排序
int max= salaryList[0];
int min= salaryList[0];
for (int i = 0; i < 5; i++)
{
if(max< salaryList[i])
    max= salaryList[i];
if(min> salaryList[i])
    min= salaryList[i];
}
printf ("员工薪水最高为%d，最低为%d", max, min);
}
```

由示例 8.1 可以看出，调用了系统函数 printf 函数和 scanf 函数后，代码更为精简、方便阅读。C 语言之所以强大，原因之一就是提供了许多功能强大的函数。

（2）自定义函数

系统函数只能完成基本的程序功能，并不能完全满足实际程序开发的需要。在 C 语言中，允许用户根据功能需求自定义函数，自定义函数必须先定义后调用，如定义函数获取两数之间的最大值，见示例 8.2。

示例 8.2

```
#include<stdio.h>
int max(int a , int b)
{
    if (a >= b)
        return a;
    else
        return b;
}
void main()
{
    int num1 = 9, num2 = 20;
    int result = max(num1, num2);
    printf("最大值：%d" , result);
}
```

8.2 函数的定义和调用

8.2.1 函数定义和调用的通用格式

函数由函数头和函数体组成，函数头包括返回值类型、函数名及参数列表。函数体指具体实现的代码，必须使用一对大括号"{}"括起来。在 C 语言中，函数必须遵循先定义后使用的原则。

函数定义的通用格式如下：

　　　　返回值类型 函数名(形式参数列表)
　　　　{
　　　　　　函数体
　　　　}

其中：

（1）返回值是指函数被调用、执行之后，返回给主调函数的值。返回值类型是指返回值的数据类型，可以是 C 语言所支持的任意类型。若不返回任何值，则其返回值类型用 void 关键字表示，如果不写，就默认采用 int 类型。

（2）函数名即函数的名称，通常通过函数名实现函数的调用，函数名与变量名命名规则一致。为了更好地描述函数的功能，建议使用有意义的英文单词作为函数名，且每个单词的首字母大写。

（3）形式参数为函数定义时的接口变量，用于在调用函数时，向函数传递数据。形式参数的个数可以是任意的，但括号"()"不能省略，当存在多个形式参数时，使用逗号","分隔。

（4）函数体即函数的实现部分，函数体中可以任意条代码，但大括号"{}"不能省略。

例如：

```
int Max(int a ,int b)
{
    if (a >= b)
        return a;
    else
        return b;
}
```

Max 函数用于获取两数之间的最大值。

（1）int 为返回值类型，表示该函数执行完毕之后将返回一个整型的数据，即两数之间的最大值。

（2）变量 a、b 为形式参数，表示在调用函数时可以向函数传递两个整型的数据，即需要比较的两个数据。

（3）大括号"{ }"之间的代码为函数体，用于实现获取两数之间的最大值的过程。

注意：函数必须定义在其他函数体之外，C 语言中的函数不能嵌套定义。

函数调用的通用格式如下：

　　　　数据类型 变量名 = 函数名(实际参数列表);

其中：

（1）函数调用通常通过函数名实现。

（2）实际参数列表指在函数调用时，主调函数向被调函数传递的实际数据，必须与函数定义时的形式参数列表一一对应。

（3）通过变量接收函数调用过程的返回值。

例如：

```
int num1 = 9, num2 = 20;
int result = Max(num1, num2);
```

调用 Max 函数，将实际参数 num1、num2 的值传递至 Max 函数中的形式参数 a、b，执行

Max 函数，将较大值返回至主调函数，赋值给变量 result。

按照函数的结构，可以将函数分为以下几类:

（1）无参无返回值的函数

（2）有参无返回值的函数。

（3）有参有返回值的函数。

不同类型的函数在定义和调用时，存在一定差异。

8.2.2　无参无返回值函数的定义和调用

无参无返回值函数的定义如下:

```
void 函数名()
{
    函数体;
}
```

无参无返回值函数的调用如下:

```
函数名();
```

编写 C 语言程序，模拟计算器对整数的四则运算，要求加减乘除四则运算分别通过定义函数实现，见示例 8.3。

示例 8.3

```
void Add()
{
    int num1, num2;
    printf("请输入两个操作数：");
    scanf("%d%d",&num1,&num2);
    int result = num1 + num2;
    printf("%d+%d=%d",num1,num2,result);
}
void Sub()
{
    int num1, num2;
    printf("请输入两个操作数：");
    scanf("%d%d",&num1,&num2);
    int result = num1 - num2;
    printf("%d-%d=%d",num1,num2,result);
}
void Mul()
{
    int num1, num2;
    printf("请输入两个操作数：");
    scanf("%d%d",&num1,&num2);
    int result = num1 * num2;
    printf("%d*%d=%d",num1,num2,result);
}
void Div()
```

```
    {
        int num1, num2;
        printf("请输入两个操作数：");
        scanf("%d%d",&num1,&num2);
        double result = (double)num1 / num2;
        printf("%d/%d=%f",num1,num2,result);
    }
    void main()
    {
        char op;
        printf("请输入运算符：");
        scanf("%c",&op);
        switch (op)
        {
            case "+":Add();
                break;
            case "-":Sub();
                break;
            case "*":Mul();
                break;
            case "/":Div();
                break;
            default:printf("输入有误");
        }
    }
```

可以看出，程序执行过程有别于之前的程序，当程序中存在函数调用时，程序执行的过程将发生改变。

主函数作为程序的入口和出口将首先被调用，在一个函数中调用另一个函数。程序控制将从主调函数中运行的函数调用语句转移至被调函数，执行被调函数体中的语句序列，在执行完函数体中所有的语句之后，将自动返回至主调函数的函数调用语句，并继续向下执行。

注意：

（1）主函数是程序的入口和出口，程序执行从主函数开始，一旦主函数执行结束，整个程序将执行结束。

（2）主函数在程序开始执行时自动调用，不能在程序中被其他函数调用，但可以调用其他函数。

（3）在程序运行的过程中，未被调用的函数将不会被执行。

（4）函数不能嵌套定义，但可以嵌套调用。

8.2.3　有参无返回值的定义和调用

有参无返回值函数的定义如下：

```
void 函数名(形式参数列表)
{
```

```
        函数体;
    }
```

有参无返回值函数的调用如下：

```
    函数名(实际参数列表);
```

修改示例 8.3，要求在主函数中实现操作数的接收，运算时将操作数传递给对应的函数，见示例 8.4。

示例 8.4

```
    void Add(int num1,int num2)
    {
        int result = num1 + num2;
        printf("%d+%d=%d",num1,num2,result);
    }
    void Sub(int num1,int num2)
    {
        int result = num1 - num2;
        printf("%d-%d=%d",num1,num2,result);
    }
    void Mul(int num1,int num2)
    {
        int result = num1 * num2;
        printf("%d*%d=%d",num1,num2,result);
    }
    void Div(int num1,int num2)
    {
        double result = (double)num1 / num2;
        printf("%d/%d=%f",num1,num2,result);
    }
    void main()
    {
        char op;
        printf("请输入运算符：");
        scanf("%c",&op);
        int num1, num2;
        printf("请输入两个操作数：");
        scanf("%d%d",&num1,&num2);
        switch (op)
        {
            case "+":Add(a,b);
                break;
            case "-":Sub(a,b);
                break;
            case "*":Mul(a,b);
                break;
            case "/":Div(a,b);
```

```
                    break;
            default:printf("输入有误");
        }
    }
```

分析输出的结果可以看出，在主函数中输入的操作数参与了被调函数中的运算，说明在调用函数时，主调函数可以向被调函数传递数据，而数据的传递是通过函数的参数实现的。

函数参数是主调函数与被调函数进行数据传递的主要渠道，分为形式参数和实际参数两种。形式参数出现在函数定义中，在整个函数内部有效；实际参数出现在主调函数中，其作用是将实际参数的值传递给被调函数的形式参数，从而实现主调函数向被调函数传递数据的功能。

在 C 语言中，存在两种参数传递的方式：值传递和引用传递。

（1）值传递是 C 语言中默认的参数传递方式，是指在函数调用时将实际参数的值的副本传递给形式参数。此时，形式参数和实际参数指代两个不同的值。

（2）引用传递是指在函数调用时将实际参数在内存中的地址传递给形式参数。此时，形式参数和实际参数代入同一个值。

在现实生活中办理一些业务的过程中，工作人员要求提供身份证。值传递类似于将身份证复印一份，将身份证的副本提交给工作人员。此时，存在两个相同的身份证，即身份证原件和身份证复印件。引用传递类似于直接将身份证提交给工作人员。此时，只存在一个身份证，即身份证原件。

示例 8.5

```
void Add(int num)
{
    num++;
}
void main()
{
    int a = 9;
    Add(a);
    printf("%d",a);
}
```

可以看出，实际参数 a 的值并未发生改变，这是由于在参数传递时使用值传递，将实际参数 a 的值赋给形式参数 num。值得注意的是，实际参数 a 和形式参数 num 是两个不同的变量，只是其中存储的值相同而已。因此，在调用 Add 函数时，实际是对形式参数 num 加一，而实际参数 a 的值不变。值传递的执行过程如图 8-2 所示。

在 C 语言中，允许将数组作为函数的参数，见示例 8.6。

示例 8.6

```
void Add(int num[],int i )
{
    int i;
    for (i = 0; i < n; i++)
    {
        num[i]++;
```

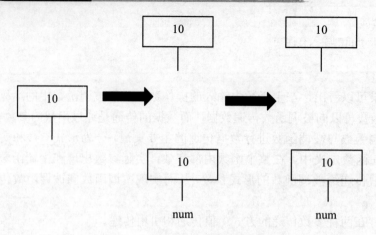

图 8-2　值传递的执行过程

```
        }
    }
    void main()
    {
        int a[5] = { 1, 2, 3, 4, 5};
        int i;
        Add(a,5);
        for(i=0;i<5;i++)
        {
            printf("%d\t",a[i]);
        }
        printf("\n");
    }
```

可以看出，数组 a 的值发生了改变，数组名中存储的是数组首元素的地址，在进行参数传递时，将数组 a 首元素的地址复制给数组 num，数组 a 和数组 num 指代同一个数组，可通过数组 num 更新数组 a 的值。

8.2.4　有参有返回值的定义和调用

有参有返回值函数定义如下：

```
        返回值类型，函数名(形式参数列表)
        {
            函数体;
        }
```

有参有返回值函数的调用如下：

```
        数据类型 变量名 = 函数名(实际参数列表);
```

修改示例 8.4，要求运算完毕后将运算结果返回至主函数中并输出，见示例 8.7。

示例 8.7

```
        double Add(int num1, int num2)
        {
            double result = num1 + num2;
```

```
        return result;
    }
    double Sub(int num1, int num2)
    {
        double result = num1 - num2;
        return result;
    }
    double Mul(int num1, int num2)
    {
        double result = num1 * num2;
        return result;
    }
    double Div(int num1, int num2)
    {
        double result =(double) num1 / num2;
        return result;
    }
    void main( )
    {
        char op;
        printf("请输入运算符：");
        scanf("%c",&op);
        int num1, num2;
        printf("请输入两个操作数：");
        scanf("%d%d",&num1,&num2);
        switch (op)
        {
            case "+":c = Add(a, b);
                break;
            case "-":c = Sub(a, b);
                break;
            case "*":c = Mul(a, b);
                break;
            case "/":c = Div(a, b);
                break;
            default:printf("输入有误");
        }
        printf("%d%c%d = %f",a, op, b, c);
    }
```

分析输出的结果可以看出，子函数的运算结果在主函数中被正确输出，说明在调用函数时，被调函数可以向主调函数返回数据，而数据的返回是通过函数的返回值实现的。函数的返回值也称为函数值，是指函数被调用、执行后，返回给主调函数的值，通过被调函数中的 return 语句实现。

语法：

```
        return 值;
```

或

　　return 表达式;

return 语句是 C 语言中的跳转语句，其主要作用如下：

（1）结束被调函数的执行，返回主调函数。此时，函数体中位于 return 语句之后的代码将不再执行。

（2）返回一个表达式的值，该值将作为函数调用过程中函数的返回值。

注意：

（1）函数可以没有返回值，也可以存在返回值，但最多只能存在一个返回值。

（2）函数的返回值可以为变量、常量以及表达式。

（3）在有返回值的函数中，函数体中必须包含"return 表达式;"语句。

（4）函数体中返回值的数据类型必须与函数中定义时指定的返回值类型相匹配。

（5）使用多重条件结构时，必须保证每一个分支都包含返回值。

8.3　变量的作用域

作用域是指某些事物起作用或有效的区域。在现实生活中，作用域的使用随处可见，如汽车限于陆地，飞机限于空中，轮船限于海洋。

程序中变量也有着不同的使用范围，称为变量的作用域。变量的作用域决定变量的可访问性。在函数或语句块中声明的变量称为局部变量，其作用域仅限于所在的函数或语句块中，见示例 8.8。

示例 8.8

```
int Add(int  num1, int  num2)
{
    return num1 + num2;
}
void main()
{
    for (int  i  =  0;  i  <  5;  i++)
    {
        printf("Hello C!");
    }
    int a = 9, b = 20;
    int result = Add(a, b);
}
```

其中，主函数中的变量 i、a、b、result，以及 Add 函数中变量 num1、num2 均属于局部变量，各变量的作用域如下：

主函数中变量 i：定义在 for 循环中，其作用域为 for 循环内部，for 循环之外不能访问。

主函数中变量 a、b、result：定义在主函数中，其作用域为主函数内部，其他函数不能访问。

Add 函数中变量 num1、num2：定义在 Add 函数中，其作用域为 Add 函数内部，其他函数不能访问。

超出变量作用域的范围之外，对变量进行访问将出现错误。修改示例 8.8 如下：

```
void main()
{
    int a,b,result;
    for (int i = 0; i < 5; i++)
    {
        printf("Hello C!\n");
    }
    printf("%d\n",i);
    a = 9;
    b = 20;
    result = Add(a,b);
}
```

运行上述代码将出现错误提示，原因是由于 i 定义在 for 循环中，所以在 for 循环的外面无法找到变量 i。

本章总结

- 函数是指一段被封装起来且能实现一定功能的代码。
- 在 C 语言中，按照函数定义方式的不同，可以将其分为：系统函数和自定义函数。
- 按照函数的结构，可以将函数分为：无参无返回值的函数、有参无返回值的函数，以及有参有返回值的函数。
- 在一个函数中调用另一个函数，程序控制将从主调函数中执行的函数调用语句转移至被调函数体中的语句序列，在执行完函数体中所有的语句之后，将自动返回至主调函数的函数调用语句，并继续向下执行。
- 在 C 语言中，存在两种参数传递的方式：值传递和引用传递。
- 函数的返回值也称为函数值，是指函数被调用、执行后，返回给主调函数的值，通过被调函数中的 return 语句实现。
- 在函数或语句块中声明的变量称为局部变量，其作用域仅限于所在的函数或语句块中。

本章作业

一、选择题

1. 建立函数的目的之一是（　　）。
    A．提高程序的执行效率　　　　　　B．提高程序的可读性
    C．减少程序的篇幅　　　　　　　　D．减少程序文件所占内存
2. 以下正确的函数定义形式是（　　）。
    A．double fun(int x,int y)　　　　　B．double fun(int x; int y)
    C．double fun(int x, int y);　　　　D．double　fun(int x,y);

3．C 语言规定，简单变量做实参时，它和对应形参之间的数据传递方式为（　　）。

    A．地址传递

    B．单向值传递

    C．由实参传给形参，再由形参传回给实参

    D．由用户指定传递方式

4．C 语言允许函数值类型缺省定义，此时该函数值隐含的类型是（　　）。

    A．float   B．int   C．long   D．double

二、填空题

1．以下程序的运行结果是_____。

```
#include<stdio.h>
main()
{
    int a=1,b=2,c;
    c=max(a,b);
    printf("max is %d\n",c);
}
max(int x,int y)
{
    int z;
    z=(x>y)?x:y;
    return(z);
}
```

2．函数 gongyue 的作用是求整数 num1 和 num2 的最大公约数，并返回该值。请填空。

```
gongyue(int num1,int num2)
{
    int temp,a,b;
    if(num1(_____) num2)
    {temp=num1;num1=num2;num2=temp;}
    a=num1;b=num2;
    while(_____)
    {temp=a%b;a=b;b=temp;}
    return(a);
}
```

3．以下程序的运行结果是_____。

```
int a=5;int  b=7;
main()
{
    int a=4,b=5,c;
    c=plus(a,b);
    printf("A+B=%d\n",c);
}
plus(int x,int y)
{
```

```
        int z;
        z=x+y;
        return (x);
    }
```

三、编程题

1．编写函数，求最大公约数和最小公倍数。

2．编写函数，重复打印给定字符 n 次。

3．编写函数，判断输入的年份是否为闰年。

公历闰年判定遵循的规律为：四年一闰，百年不闰，四百年再闰。公历闰年的简单计算方法（符合以下条件之一的年份即为闰年）：①能被 4 整除而不能被 100 整除；②能被 100 整除也能被 400 整除。

4．编写函数，求 x 的 n 次方，n 为不小于 0 的整数（n≥0）。

第 9 章　指针

本章简介：

前 8 章介绍了开发 C 语言程序的基本语法，如变量、数据类型、表达式、数组、输入输出函数及流程控制结构等，下面可以利用所学知识开发简单的应用程序，解决实际编程中的问题。

C 语言允许对系统的底层硬件进行直接编程，因此它最早被应用于系统软件开发中。使用 C 语言开发的程序具有较高的运行效率。例如，C 语言可以直接操作内存的地址。本章将介绍指针的应用，使用指针开发简洁、紧凑、高效的应用程序。

理论课学习内容：

- 指针的基本概念
- 指针变量的定义
- 指针变量作为函数参数
- 通过指针引用数组元素
- 二维数组的指针及其指针变量
- 返回指针的函数
- 指向指针的指针变量

9.1　指针和指针变量的概念

9.1.1　指针的基本概念

计算机中的所有数据都是按顺序存放在存储器中的。一般把存储器中的一个字节称为一个内存单元（亦称存储单元），不同数据类型的值所占用的内存单元数亦不同。为了正确地访问这些内存单元，必须为每个内存单元编上号，根据一个内存单元的编号即可准确地找到该内存单元。内存单元的编号也叫作地址，通常把这个地址称为指针。

内存单元的指针和内存单元的内容是两个不同的概念。下面用一个通俗的例子来说明它们之间的关系。我们到银行去存、取款时，银行工作人员将根据我们的账号去查找存款单，找到之后在存单上写入存款、取款的金额。在这里，账号就是存单的指针，存款数是存单的内容。

9.1.2　指针变量的基本概念

对于一个内存单元来说，单元的地址即为指针，其中存放的数据是该单元的内容。在 C 语言中，允许用一个变量来存放指针，这种变量称为指针变量。因此，一个指针变量的值就是某个内存单元的地址，也称为某内存单元的指针。

如图 9-1 所示，设有字符变量 C，其内容为 K（ASCII 码为十进制数 75），C 占用了 0110H 号单元（地址用十六进制表示）。当有指针变量 P，内容为 0110H 时，我们称为 "P 指向变量 C" 或者 "P 是指向变量 C 的指针"。

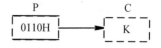

图 9-1　0110H(地址)

严格地说，一个指针是一个地址，是一个常量，而一个指针变量却可以被赋予不同的指针值，是变量。但通常把指针变量简称为 "指针"。为了避免混淆，我们约定："指针" 是指地址，是常量，"指针变量" 是指取值为地址的变量。定义指针的目的是为了通过指针去访问内存单元。既然指针变量的值是一个地址，那么这个地址不仅可以是变量的地址，而且也可以是其他数据结构的地址。在一个指针变量中存放一个数组或一个函数的首地址有何意义呢？因为数组或函数都是连续存放的，所以通过访问指针变量取得了数组或函数的首地址，也就找到了该数组或函数。这样一来，凡是出现数组、函数的地方都可以用一个指针变量来表示，只要该指针变量中赋予数组或函数的首地址即可。这样做将会使程序的概念十分清楚，程序本身也精练、高效。在 C 语言中，一种数据类型或数据结构往往都占有一组连续的内存单元。用 "地址" 这个概念并不能很好地描述一种数据类型或数据结构，而 "指针" 虽然实际上也是一个地址，但它却是一个数据结构的首地址，它是 "指向" 一个数据结构的，因而概念更为清楚，表示更为明确。这也是引入 "指针" 概念的一个重要原因。

9.2　指针变量的定义与应用

9.2.1　指针变量的定义与相关运算

1. 指针变量的类型说明

指针变量定义的一般形式为：

　　类型说明符 * 指针变量名;

其中，*为说明符，表示这是一个指针变量；指针变量名为用户自定义标识符；类型说明符表示该指针变量所指向的变量的数据类型。

例如：

　　int　*p1;

该定义表示 p1 是一个指针变量，它的值是某个整型变量的地址，或者说 p1 指向一个整型变量。至于 p1 究竟指向哪一个整型变量，应该由向 p1 赋予的地址来决定。对于指针变量的类型说明应包括以下三个方面的内容：

（1）指针类型说明，即定义变量为一个指针变量。

（2）指针变量名。

（3）变量值，即指针变量所指向变量的地址。

例如：

　　staic　int *p2;　　　　　　　/*p2 是指向静态整型变量的指针变量*/
　　float *p3;　　　　　　　　　/*p3 是指向浮点型变量的指针变量*/
　　char *p4;　　　　　　　　　 /*p4 是指向字符型变量的指针变量*/

应该注意的是，一个指针变量只能指向同类型的变量，如 P3 只能指向浮点型变量，不能时而指向一个浮点型变量，时而又指向一个字符型变量。

2. 指针变量的赋值

指针变量同普通变量一样，使用之前不仅要定义说明，而且必须赋予具体的值。未经赋值的指针变量不能使用，否则将造成系统混乱，甚至死机。同时，指针变量的赋值只能赋予地址，决不能赋予任何其他数据，否则将引起错误。

在 C 语言中，初始变量的地址是由编译系统分配的，用户不知道变量的具体地址。C 语言中提供了地址运算符&来表示变量的地址。其一般形式为"&变量名"，如&a 表示变量 a 的地址，&b 表示变量 b 的地址。变量本身必须预先说明或定义。

设有指向整型变量的指针变量 p，如果要把变量 a 的地址赋予 p，则有以下两种方式：

（1）指针变量初始化的方法：

```
int a;
int *p=&a;
```

（2）赋值语句的方法：

```
int a;
int *p;
p=&a;
```

不允许把一个数赋予指针变量，如下面的赋值是错误的：

```
int *p;
p=1000;
```

被赋值的指针变量前不能再加"*"说明符，如写为*p=&a 也是错误的。

3. 指针变量的运算

指针变量可以进行某些运算，但其运算的种类是有限的，即它只能进行赋值运算和部分算术及关系运算。

（1）指针运算符

1）取地址运算符"&"。取地址运算符"&"是单目运算符，其结合性为自右至左，其功能是取变量的地址。在 scanf 函数及前面介绍指针变量赋值中，我们已经了解并使用了"&"运算符。

2）取内容运算符"*"。取内容运算符"*"是单目运算符，其结合性为自右至左，用来表示指针变量所指的变量。在"*"运算符之后跟的变量必须是指针变量。需要注意的是，指针运算符"*"和指针变量说明中的指针说明符"*"不是一回事。在指针变量说明中，"*"是类型说明符，表示其后的变量是指针类型，而表达式中出现的"*"则是一个运算符，用以表示指针变量所指的变量。

示例 9.1

```
/*程序功能：指针变量的定义、赋值及简单应用*/
main()
{   int a=5,*p=&a;
    printf ("%d",*p);
}
```

程序说明：在定义指针变量 p 后，利用指针变量 p 取得整型变量 a 的地址，并在最后的输出中利用指针变量获取变量 a 的值进行输出。

（2）指针变量的运算

1）赋值运算。指针变量的赋值运算有以下几种形式：

- 指针变量初始化赋值，前面已作介绍。
- 把一个变量的地址赋予指向相同数据类型的指针变量。例如：

```
int a,*pa;
pa=&a;              /*把整型变量 a 的地址赋予整型指针变量 pa*/
```

- 把一个指针变量的值赋予指向相同类型变量的另一个指针变量。例如：

```
int a,*pa=&a,*pb;
pb=pa;              /*把 a 的地址赋予指针变量 pb*/
```

由于 pa、pb 均为指向整型变量的指针变量，因此可以相互赋值。

- 把数组的首地址赋予指向数组的指针变量。例如：

```
int a[5],*pa;
pa=a;              /*数组名表示数组的首地址，故可赋予指向数组的指针变量 pa*/
```

也可写为

```
pa=&a[0];          /*数组第一个元素的地址也是整个数组的首地址，也可赋予 pa*/
```

当然也可采取初始化赋值的方法：

```
int a[5],*pa=a;
```

- 把字符串的首地址赋予指向字符类型的指针变量。例如：

```
char *pc;
pc="c language";
```

或用初始化赋值的方法写为

```
char *pc="C Language";
```

这里应说明的是，并不是把整个字符串装入指针变量，而是把存放该字符串的字符数组的首地址装入指针变量。这在后面还将详细介绍。

- 把函数的入口地址赋予指向函数的指针变量。例如：

```
int (*pf)( );
pf=f;              /*其中 f 为函数名*/
```

2）加减算术运算。对于指向数组的指针变量，可以进行整数类型的加减法运算。设 pa 是指向数组 a 的指针变量，则 pa+n，pa-n，pa++，++pa，pa--，--pa 运算都是合法的。当然，变量 n 只能为整型。指针变量加或减一个整数 n 的意义是把指针指向的当前位置（指向某个数组元素）向前或向后移动 n 个位置。应当注意的是，数组指针变量向前或向后移动一个位置和地址值加 1 或减 1 在概念上是完全不同的。如果指针变量加 1，表示指针变量移动 1 个位置指向下一个数据元素的首地址。而不是在原地址值的基础上真实地加数值 1。

例如：

```
int a[5],*pa;
pa=a;              /*pa 指向数组 a，也是指向数组元素 a[0]*/
pa=pa+2;           /*pa 指向数组元素 a[2]，即 pa 的值为&pa[2]*/
```

指针变量的加减运算只适用于指向数组的指针变量，对指向其他类型变量的指针变量作加减运算是毫无意义的，并容易导致灾难性的后果。

3）两个指针变量之间的运算。只有指向同一数组的两个指针变量之间才能进行运算，否则运算毫无意义。

- 两指针变量相减。两指针变量相减所得之差是两个指针所指数组元素之间相差的元素个数。例如，pf1 和 pf2 是指向同一浮点型数组的两个指针变量，设 pf1 的值为 2010H， pf2 的值为 2000H，而浮点型数组每个元素占四个字节，所以 **pf1-pf2** 的结果为 (2010H-2000H)/4=4，表示 pf1 和 pf2 之间相差四个元素。两个指针变量不能进行加法运算。例如，pf1+pf2 就毫无实际意义。

● 两指针变量进行关系运算。指向同一数组的两指针变量进行关系运算可表示它们所指数。

组元素之间的关系。例如，pf1==pf2 表示 pf1 和 pf2 指向同一数组元素；pf1>pf2 表示 pf1 处于高地址位置；pf1<pf2 表示 pf1 处于低地址位置。指针变量还可以与 0 比较。设 p 为指针变量，则 p==0 表明 p 是空指针，它不指向任何变量；p!=0 表示 p 不是空指针。空指针是由对指针变量赋予 0 值而得到的。

例如：

```
#define NULL 0
    int *p=NULL;
```

9.2.2 指针变量作为函数参数

在函数应用中，函数的参数不仅可以是整型、实型、字符型、数组等数据，也可以是指针类型，以实现将地址传送到另一函数中参与操作。

示例 9.2

```
/*程序功能：指针变量作为函数的参数参与传递*/
outval(int *p1, float *p2)
{   printf("The int value is %d\n",*p1);
    printf("The float value is %f\n",*p2);
}
main()
{   int a=5,*p_int;
    float b=4.5,*p_float;
    p_int=&a;
    p_float=&b;
    outval(p_int,p_float);
}
```

程序运行结果：

```
The int value is 5
The float value is 4.500000
```

说明：

（1）本例利用指针变量 p_int 和 p_float 作为实参对函数 outval 进行调用。

（2）在函数 outval 的定义中，必须使用相同类型、相同个数的形式参数和实际参数。

（3）在函数 outval 调用开始时，实参变量 p_int 和 p_float 利用"值传递"的方式将它们的值（指向变量 a 和 b 的地址）传送给形参变量 p1 和 p2。

（4）在函数 outval 调用开始后，可利用形参变量 p1 和 p2 所指向的变量内容参与各种运算。本例只是对其指向的内容进行输出显示。

（5）在函数 outval 调用结束后，形参变量 p1 和 p2 将被释放，实参变量 p_int 和 p_float 保留原指向。

（6）如果在函数 outval 中，利用指针对变量 a 和 b 的值做了改变，则函数调用结束后，该变化将会影响主函数。

示例 9.3

```
/*程序功能：指针变量作为函数的参数参与传递，并对主函数的变量值产生影响*/
outval(int *p1,float *p2)
{   *p1=*p1*10;
    *p2=*p2*10.;
}
main()
{   int a=5,*p_int;
    float b=4.5,*p_float;
    p_int=&a;
    p_float=&b;
    printf("The 1th output___before use outval() function\n");
    printf("The int value is %d\n",*p_int);
    printf("The float value is %f\n",*p_float);
    outval(p_int,p_float);
    printf("The 2th output___after use outval() function\n");
    printf("The int value is %d\n",*p_int);
    printf("The float value is %f\n",*p_float);
}
```

9.3　数组的指针和指向数组的指针变量

9.3.1　概述

指针和数组有着密切的关系，任何能由数组下标完成的操作都可用指针来实现，而且在程序中使用指针可使编程代码更紧凑、更灵活。

一个数组是由连续的一块内存单元组成的，数组名就是这块连续内存单元的首地址。一个数组也是由各个数组元素（下标变量）组成的，每个数组元素按数据类型的不同占有几个连续的内存单元。一个指针变量既可以指向一个数组，也可以指向一个数组元素。如果要使一个指针变量指向一个数组，可把数组名或第一个元素的地址赋予它；如要要使指针变量指向某个数组的第 n 个元素，可以把该数组第 n 元素的地址赋予它或把数组名加 n 赋予它。

9.3.2　通过指针引用数组元素

数组指针变量说明的一般形式为：

　　　类型说明符　*指针变量名;

其中，类型说明符表示该指针所指数组的类型，从一般形式可以看出，指向数组的指针变量和指向普通变量的指针变量的说明是相同的。设有数组 a，指向 a 的同类型指针变量为 pa，则通过对指针概念的理解就存在以下关系：

（1）pa、a、&a[0]均指向同一单元，它们是数组 a 的首地址，也是数组元素 a[0]的地址。

（2）pa+1、a+1、&a[1]均指向数组元素 a[1]。类似可知，pa+i、a+i、&a[i]指向数组元素

a[i]。应该说明的是，指针 pa 是变量，而 a 和&a[i]都是常量，在编程时应予以注意。引入指针变量后，就可以使用下面两种方法来访问数组元素了。

1. 下标法

下标法即采用 a[i]形式访问数组元素，在前面介绍数组时采用的都是这种方法。

例如：

```
main()
{ int a[5],i;
    for(i=0;i<5;i++)
    { a[i]=i;
        printf("a[%d]=%d\n",i,a[i]);
    }
    printf("\n");
}
```

2. 指针法

指针法即采用*(pa+i)形式，用间接访问的方法来访问数组元素。

示例 9.4

```
/*程序功能：利用指针变量访问数组各个元素，并对内容进行输出*/
main()
{   int a[5],i,*pa;
    pa=a;
    for(i=0;i<5;i++)
    { *pa=i;
        pa++;
    }
    pa=a;                    /*重新使 pa 指向数组 a 首地址*/
    for(i=0;i<5;i++)
    { printf("a[%d]=%d\n",i,*pa);
        pa++;
    }
}
```

说明：

（1）程序中有两个 pa=a 指令。因为在主函数中，当第一个循环结束后，指针 pa 已指向 a[5]，而后面需要重新对数组 a 进行引用，所以必须重新使指针变量指向数组首地址。

（2）在实现数组内容输出时，也可采用下面实现方法：

```
for(i=0;i<5;i++)
printf("a[%d]=%d\n",i,*(pa+i));
```

甚至，整个程序可简写为例 9.5。

示例 9.5

```
/*程序功能：利用指针变量访问数组各个元素，并对内容进行输出*/
main()
{   int a[5],i,*pa=a;
    for(i=0;i<5;)
    { *pa=i;
```

```
            printf("a[%d]=%d\n",i++,*pa++);
        }
    }
```

程序运行情况同例 9.4。

3．用指针表示数组元素的地址和内容

利用指针表示数组元素的地址和内容的形式主要有：

（1）p+i 和 a+i 均表示 a[i]的地址，或者说它们均指向数组第 i 个元素，即指向 a[i]。

（2）*(p+i)和*(a+i)都表示 p+i 和 a+i 所指对象的内容，即 a[i]。

（3）指向数组元素的指针也可以表示成数组的形式，也就是说它允许指针变量带下标，如 p[i]与*(p+i)等价。

例如，设

```
        p=a+5;
```

则 p[2]就相当于*(p+2)，由于 p 指向 a[5]，所以 p[2]就相当于 a[7]，而 p[-3]就相当于*(p-3)，它表示 a[2]。

示例 9.6

```
    /*程序功能：自键盘输入 5 门功课成绩，利用函数 aver 完成平均分的计算*/
    float aver(float *pa)
    {   int i;
        float av,s=0;
        for(i=0;i<5;i++)
        s=s+*pa++;
        av=s/5;
        return av;
    }
    main()
    {   float sco[5],av,*sp;
        int i;
        sp=sco;
        printf("\ninput 5 scores:\n");
        for(i=0;i<5;i++)
    scanf("%f",&sco[i]);
        av=aver(sp);
        printf("average score is %5.2f",av);
    }
```

9.3.3　二维数组的指针及其指针变量

1．二维数组地址的表示方法

我们以二维数组为例来介绍多维数组的指针变量。为了说明问题，我们定义以下二维数组：

```
    int a[3][4]={{0,1,2,3}, {4,5,6,7}, {8,9,10,11}};
```

其中，a 为二维数组名，该数组有三行四列，共 12 个元素。由于 C 语言允许把一个二维数组分解为多个一维数组来处理，因此，数组 a 可分解为三个一维数组：a[0], a[1], a[2]。这三个元素又是一个一维数组，且都含有四个元素（相当于四列）。例如，a[0]所代表的一维数组所包含的四个元素为 a[0][0]、a[0][1]、a[0][2]、a[0][3]，如图 9-2 所示。

但从二维数组的角度来看，a 代表二维数组的首地址，当然也可看成是二维数组第 0 行的首地址。a+1 就代表第 1 行的首地址，a+2 就代表第 2 行的首地址。如果此二维数组的首地址为 1000，由于第 0 行有四个整型元素，所以 a+1 为 1008，a+2 为 1016，如图 9-3 所示。

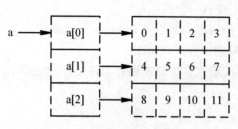

图 9-2 二维数组地址的表示法

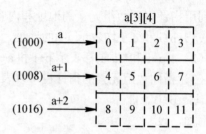

图 9-3 二维地址

既然我们把 a[0]、a[1]、a[2] 看成是一维数组名，则可以认为它们分别代表它们所对应的数组的首地址，也就是说，a[0] 代表第 0 行中第 0 列元素的地址，即 &a[0][0]；a[1] 代表第 1 行中第 0 列元素的地址，即 &a[1][0]。根据地址运算规则，a[0]+1 代表第 0 行第 1 列元素的地址，即 &a[0][1]。

一般而言，a[i]+j 即代表第 i 行第 j 列元素的地址，即 &a[i][j]。

在二维数组中，我们还可用指针的形式来表示各元素的地址。如前所述，a[0] 与 *(a+0) 等价，a[1] 与 *(a+1) 等价，因此，a[i]+j 就与 *(a+i)+j 等价，它表示数组元素 a[i][j] 的地址。因而，二维数组元素 a[i][j] 可表示成 *(a[i]+j) 或 *(*(a+i)+j)，它们都与 a[i][j] 等价，或者还可写成 (*(a+i))[j]。

另外，要补充说明一下，如果你编写一个程序输出 a 和 *a，你可发现它们的值是相同的，这是为什么呢？我们可这样来理解：我们把二维数组人为地看成由三个数组元素 a[0]、a[1]、a[2] 组成，将 a[0]、a[1]、a[2] 看成是数组名，它们又分别是由四个元素组成的一维数组，因此，a 表示数组第 0 行的地址，而 *a 即为 a[0]，它是数组名，当然还是地址，它就是数组第 0 行第 0 列元素的地址。

示例 9.7

```
/*程序功能：利用指针输出二维数组行或列的地址及内容*/
#define PF "%d,%d,%d,%d,%d,\n"
main()
{   static int a[3][4]={0,1,2,3,4,5,6,7,8,9,10,11};
    printf(PF,a,*a,a[0],&a[0],&a[0][0]);
    printf(PF,a+1,*(a+1),a[1],&a[1],&a[1][0]);
    printf(PF,a+2,*(a+2),a[2],&a[2],&a[2][0]);
    printf("%d,%d\n",a[1]+1,*(a+1)+1);
    printf("%d,%d\n",*(a[1]+1),*(*(a+1)+1));
}
```

说明：

（1）本例主要利用多维数组名各种类型的描述方式来表示并输出数组行、列地址值或数组元素值（在地址输出上，由于运行环境的差别，实际结果和书本提供结果可能不一致）。其中，第一行输出的是二维数组 a 的首地址；第二行输出的是二维数组 a 第一行的首地址；第三行输出的是二维数组 a 第二行的首地址；第四行输出的是二维数组 a 第一行第一列元素的地址；第五行输出的是二维数组 a 第一行第一列元素的值。

（2）通过本例可见，利用多维数组名在描述数组行、列地址及元素内容的过程中，表示方法是多样的，但一定要清楚数组名和运算符在各种组合应用情况下所表示的含义，不能混淆。

2. 二维数组的指针变量

二维数组指针变量说明的一般形式为：

    类型说明符　(*指针变量名)[长度]

其中，类型说明符代表所指数组的数据类型；*表示其后的变量是指针类型；长度表示该指针所指向的二维数组分解为多个一维数组时一维数组的长度，也就是二维数组的列数。应注意，"(*指针变量名)" 两边的括号绝对不可少，如缺少括号则表示是指针数组（后续内容将会介绍），意义就完全不同了。二维数组 a 同前定义，在将数组 a 分解为一维数组 a[0]、a[1]、a[2]之后，设 p 为指向 a 的指针变量。定义指针变量：

    int (*p)[4];

它表示 p 是一个指针变量，它指向二维数组 a 或指向第一个一维数组 a[0]，其值等于 a，a[0]或&a[0][0]等。p+i 则指向一维数组 a[i]。从前面的分析可得出，*(p+i)+j 是二维数组第 i 行 j 列的元素的地址，而*(*(p+i)+j)则是第 i 行 j 列元素的值。

示例 9.8

```
/*程序功能：利用二维数组的指针变量实现数组内容的输出*/
main()
{    static int a[3][4]={0,1,2,3,4,5,6,7,8,9,10,11};
     int (*p)[4];
     int i,j;
     p=a;
     for(i=0;i<3;i++)
         for(j=0;j<4;j++)
     printf("%2d    ",*(*(p+i)+j));
}
```

9.4　字符串的指针和指向字符串的指针变量

9.4.1　字符串的表示和引用

1. 字符串常量的表示

字符串常量是由双引号括起来的字符序列，例如：

    "a string"

就是一个字符串常量，该字符串中因为字符 a 后面还有一个空格字符，所以它是由 8 个字符序列组成的。在程序中如果出现字符串常量，C 编译程序就把字符串常量安排在一个存储区域，这个区域是静态的，在整个程序运行的过程中始终占用。

字符串常量的长度是指该字符串中的字符个数。但在实际存储区域中，C 编译程序还会自动给字符串序列的末尾加上一个空字符'\0'，用来标志字符串的结束。因此，一个字符串常量所占用存储区域的字节数总比它的字符个数多一个字节。在 C 语言中，操作一个字符串常量的方法有：

（1）把字符串常量存放在一个字符数组之中。例如：

> char s[]="a string";

数组 s 共由 9 个元素所组成，其中，s[8]中的内容是'\0'。实际上，在字符数组定义的过程中，C 编译程序直接对数组 s 进行了初始化。

（2）用字符指针指向字符串，然后通过字符指针（具体内容及应用见后文）来访问字符串存储区域。

2. 字符串指针变量的说明和使用

字符串指针变量的定义说明与指向字符变量的指针变量说明是相同的。它们二者之间只能按对指针变量的赋值不同来区别。对指向字符变量的指针变量应赋予该字符变量的地址。例如：

> char c,*p=&c;

表示 p 是一个指向字符变量 c 的指针变量，而

> char *s="a string";

表示 s 是一个指向字符串的指针变量，并把字符串的首地址赋予了 s。当字符串常量在表达式中出现时，根据数组类型转换规则，它将被转换成字符指针。因此，若我们定义了一字符指针

> char *p;

则可用

> cp="a string";

使 p 指向字符串常量中的第 0 号字符"a"，如图 9-4 所示。

图 9-4　指向字符串常量的指针 p

示例 9.9

> /*程序功能：利用指向字符串常量的指针输出字符串内容*/
> main()
> {   char *s;
>   s="Welcome to you!";
>   printf("%s",s);
> }

程序运行结果：

> Welcome to you!

说明：本例首先定义 s 是一个字符型指针变量，然后把字符串常量的首地址赋予 s，程序中亦可直接写为

> char *s="Welcome to you!";

示例 9.10

> /*程序功能：利用指向字符串常量的指针输出字符串中 n 个字符后的所有字符*/
> main()

```
{   char *p="This is a book";
    int n=10;
    p=p+n;
    printf("%s\n",p);
}
```

说明：在程序中对 p 初始化时，把字符串首地址赋予了 p。当执行 p=p+10 之后，p 指向字符"b"，因此输出为"book"。

示例 9.11

```
/*程序功能：利用指向格式字符串的指针作为格式串，实现指定数据的输出*/
main()
{   static int a[3][4]={0,1,2,3,4,5,6,7,8,9,10,11};
    char *GSH="%d,%d,%d,%d,%d\n";
    printf(GSH,a,*a,a[0],&a[0],&a[0][0]);
    printf(GSH,a+1,*(a+1),a[1],&a[1],&a[1][0]);
    printf(GSH,a+2,*(a+2),a[2],&a[2],&a[2][0]);
    printf("%d,%d\n",a[1]+1,*(a+1)+1);
    printf("%d,%d\n",*(a[1]+1),*(*(a+1)+1));
}
```

示例 9.12

```
/*程序功能：利用指针指向一个用户输入字符串，查找该字符串中是否有字符'k'*/
main()
{   char st[20],*ps;
    int i;
    printf("input a string:\n");
    ps=st;
    scanf("%s",ps);
    for(i=0;ps[i]!='\0';i++)
    if(ps[i]=='k')
    {   printf("there is a 'k' in the string\n");
        break;
    }
    if(ps[i]=='\0')
        printf("There is no 'k' in the string\n");
}
```

3. 使用字符串指针变量与字符数组的区别

用字符数组和字符指针变量都可以实现对字符串的存储和操作，但是两者是有区别的。在使用时应注意以下几个问题：

（1）字符串指针变量本身是一个变量，用于存放字符串的首地址。而字符串本身存放在以该首地址为首的一块连续的内存空间中，并以'\0'作为字符串的结束。字符数组由若干个数组元素组成，它可用来存放整个字符串。

（2）对字符数组作初始化赋值，必须采用外部类型或静态类型，如：

```
static char string[]={"C Language"};
```

而对字符串指针变量则无此限制，如：

```
char *ps="C Language";
```

（3）对字符串指针方式：

```
char *ps="C Language";
```

可以写为

```
char *ps;   ps="C Language";
```

而对数组方式：

```
static char st[]={"C Language"};
```

不能写为

```
char st[20];   st={"C Language"};
```

而只能对字符数组的各元素逐个赋值。

从上可以看出字符串指针变量与字符数组在使用时的简单区别，同时也可看出使用指针变量更加方便。前面说过，一个指针变量在未取得确定地址前使用是危险的，容易引起错误。但是，对指针变量直接赋值是可以的，因为 C 系统对指针变量赋值时要给以确定的地址。因此，char *ps="C Langage";或者 char *ps; ps="C Language";都是合法的。

9.4.2　字符串指针作函数参数

利用字符数组名或指向字符串的指针变量作为函数的参数，属于"地址传递"。利用此方法可在被调函数中改变字符串的内容，并在主调函数中使用这种结果。

示例 9.13

```
/*程序功能：实现字符串内容的复制，但不能使用 strcpy 函数*/
copystr(char *pss,char *pds)
{    while((*pds=*pss)!='\0')
    {    pds++;
         pss++;
    }
}
main()
{    char *pa="CHINA",b[10],*pb;
     pb=b;
     copystr(pa,pb);
     printf("string a=%s\nstring b=%s\n",pa,pb);
}
```

说明：

（1）本例的目的是要求把一个字符串的内容复制到另一个字符串中，并且不能使用 strcpy 函数，而是利用用户自定义函数 copystr 来实现。其中，函数 copystr 的形参为两个字符指针变量。

（2）pss 和 pds 用于接收主调函数传递的地址，其中，pss 指向源字符串，pds 指向目标字符串。

（3）表达式 "(*pds=*pss)!='\0'" 代表了两层意思：其一是把 pss 指向的源字符复制到 pds 所指向的目标字符中；其二是判断所复制的字符是否为'\0'，若是，则表明源字符串结束，不再循环，否则，pds 和 pss 都加 1，指向下一字符。

（4）主调函数中，以指针变量 pa、pb 为实参，分别取得确定值后调用 copystr 函数。由于在程序中，指针变量 pa 和 pss，pb 和 pds 均分别指向同一字符串，因此在主函数和 copystr 函数中均可使用这些字符串。

（5）copystr 函数还可简化为以下形式：

```
copystr(char *pss,char*pds)
{   while ((*pds++=*pss++)!='\0'); }
```

即把指针的移动和赋值合并在一个语句中。

进一步，由于'\0'的 ASCII 码为 0，因而对于 while 语句，表达式的值为非 0 就循环，为 0 则结束循环，程序因此也可省去 "!= \0'" 这一判断部分，而写为以下形式：

```
copystr (char *pss,char *pds)
{   while (*pds++=*pss++);}
```

此表达式的意义可解释为，源字符向目标字符赋值；均移动指针；若所赋值为非 0 则循环，否则结束循环。这样可使程序更加简洁。

9.5　返回指针的函数

所谓函数类型是指函数返回值的类型。由于在 C 语言中允许一个函数的返回值是一个指针（即地址），所以也将此类函数称为指针型函数。定义指针型函数的一般形式为：

```
类型说明符 *函数名(形参表)
    {
    /*函数体*/
    }
```

其中，函数名之前加了 "*" 号表明这是一个指针型函数，即返回值是一个指针；类型说明符表示了返回的指针值所指向的数据类型。例如：

```
int *app1(int x,int y)
{
    /*函数体*/
}
```

表示 app1 是一个返回指针值的指针型函数，它返回的指针指向一个整型变量。

示例 9.14

```
/*程序功能：输入一个 1～7 之间的整数，通过指针函数输出对应的星期名*/
char *day_name(int n)
{   static char name[8][20]={ "Illegal day", "Monday",
    "Tuesday",
    "Wednesday",
"Thursday",
    "Friday",
    "Saturday",
    "Sunday"
    };
    return((n<1||n>7)?name[0]:name[n]);
}
main()
{   int i;
```

```
        printf("Input Day No:\n");
        scanf("%d",&i);
        printf("Day No:%2d-->%s\n",i,day_name(i));
    }
```

说明：

（1）本例中定义了一个指针型函数 day_name，它的返回值指向一个字符串。

（2）day_name 函数中定义了一个静态二维字符型数组 name。name 数组初始化赋值为 8 个字符串，分别表示各个星期名及出错提示。形参 n 表示与星期名所对应的整数。

（3）在主函数中，把输入的整数 i 作为实参，在 printf 语句中调用 day_name 函数并把 i 值传送给形参 n。

（4）day_name 函数中的 return 语句包含一个条件表达式，即 n 值若大于 7 或小于 1，则把 name[0]指针返回主函数，输出出错提示字符串"Illegal day"，否则返回主函数，输出对应的星期名。

9.6 指针数组与主函数 main()的形参

9.6.1 指针数组

一个数组的元素值为指针，该数组为指针数组。指针数组是一组有序的指针的集合。指针数组的所有元素都必须是具有相同存储类型和指向相同数据类型的指针变量。指针数组说明的一般形式为：

    类型说明符 *数组名[数组长度]

其中，类型说明符为指针值所指向的变量的类型。例如：

    int *pa[3]

表示 pa 是一个指针数组，它有三个元素，每个元素值都是一个指针，并分别指向各个整型变量。

指针数组常用于指向一个二维数组。指针数组中的每个元素被赋予二维数组每一行的首地址，因此也可理解为指向一个一维数组。

示例 9.15

```
        /*程序功能：指针数组的简单应用*/
        int a[3][3]={1,2,3,4,5,6,7,8,9};
        int *pa[3]={a[0],a[1],a[2]};
        int *p=a[0];
        main()
        {   int i;
            for(i=0;i<3;i++)
                printf("%d,%d,%d\n",a[i][2-i],*a[i],*(*(a+i)+i));
            for(i=0;i<3;i++)
                printf("%d,%d,%d\n",*pa[i],p[i],*(p+i));
        }
```

说明：

（1）本例中，pa 是一个指针数组，三个元素分别指向二维数组 a 的各行。

（2）在程序中，用循环语句输出指定的数组元素时使用了多种描述数组元素的方法。其中，*a[i]表示第 i 行 0 列元素的值；*(*(a+i)+i)表示第 i 行 i 列元素的值；*pa[i]表示第 i 行 0 列元素值；由于 p 与 a[0]相同，故 p[i]表示第 0 行 i 列的值；*(p+i)表示第 0 行 i 列的值。结合前面所学内容，要仔细领会元素值的各种不同的表示方法。

（3）应该注意指针数组和二维数组指针变量的区别。这两者虽然都可用来表示二维数组，但是其表示方法和意义是不同的。二维数组指针变量是单个的变量，其一般形式中，"(*指针变量名)"两边的括号不可少。指针数组类型表示的是多个指针（一组有序指针），在一般形式中，"*指针数组名"两边不能有括号。

例如：

        int (*p)[3];

表示一个指向二维数组的指针变量。该二维数组的列数为 3 或分解为一维数组的长度为 3。而 int *p[3];表示 p 是一个指针数组，三个下标变量 p[0]、p[1]、p[2]均为指针变量。指针数组也常用来表示一组字符串，这时，指针数组的每个元素被赋予一个字符串的首地址。指向字符串的指针数组的初始化更为简单，例如在例 9.14 中，即可采用指针数组来表示一组字符串。

例如：

        char *name[]={"Illagal day",
                    "Monday",
                    "Tuesday",
                    "Wednesday",
                    "Thursday",
                    "Friday",
                    "Saturday",
                    "Sunday"};

完成这个初始化赋值之后，name[0]即指向字符串"Illegal day"，name[1]指向"Monday"……

9.6.2　主函数 main()的形参

前面所有例程中介绍的 main 函数都是不带参数的，因此，main 后的括号都是空括号。实际上，main 函数可以带参数，这个参数可以认为是 main 函数的形式参数。

C 语言规定，main 函数的参数只能有两个，习惯上将这两个参数写为 argc 和 argv。因此，main 函数的函数头可写为

        main (argc,argv)

C 语言还规定，argc（第一个形参）必须是整型变量，argv（第二个形参）必须是指向字符串的指针数组。加上形参说明后，main 函数的函数头应写为

        main (int argc, char *argv[])

由于 main 函数不能被其他函数调用，因此，不可能在程序内部取得实际值。那么，在何处把实参值赋予 main 函数的形参呢？实际上，main 函数的参数值是从操作系统命令行上获得的。

当我们要运行一个可执行文件时，在 DOS 提示符下键入文件名，再输入实际参数，利用此方式就可以把这些实参传送到 main 函数的形参中去。

DOS 提示符下命令行的一般形式为

C:\>可执行文件名　参数　参数…;

但是应该特别注意的是，main 的两个形参和命令行中的参数在位置上不是一一对应的。因为，main 的形参只有两个，而命令行中的参数个数原则上未加限制。argc 参数表示了命令行中参数的个数（注意：文件名本身也算一个参数），argc 的值是在输入命令行时由系统按实际参数的个数自动赋予的。例如有命令行为

C:\>TC9-16　BASIC　dbase　FORTRAN

由于文件名 TC9-16 本身也算一个参数，所以共有四个参数，因此 argc 取得的值为 4。argv 参数是字符串指针数组，其各元素值为命令行中各字符串（参数均按字符串处理）的首地址。指针数组的长度即为参数个数，数组元素初值由系统通过命令行自动赋予。

示例 9.16

```
/*程序功能：显示命令行中输入的参数*/
/*参数：任意给定的字符串*/
main(int argc,char *argv[])
{   while(argc-->1)
    printf("%s\n",*++argv);
}
```

本例经过编译链接后，生成可执行文件 TC9-16.exe，在该可执行文件的缺省目录下，以带参数形式运行如下：

C:\>TC9-16 CHINA USA ENGLAND

运行结果为

CHINA

USA

ENGLAND

说明：

（1）由于此命令行共有四个参数，执行主函数时，argc 的初值即为 4，argv 的四个元素分别为四个字符串（命令行上的命令字及三个参数）的首地址。

（2）while 每循环一次，argc 值减 1，当 argc 等于 1 时停止循环，共循环三次，因此共可输出三个参数。

（3）在 printf 函数中，由于*++argv 是先加 1 再输出，故第一次输出的是 argv[1]所指的字符串 CHINA；第二、三次循环分别输出后两个字符串。

9.6.3　指向指针的指针变量

如果一个指针变量存放的又是另一个指针变量的地址，则称这个指针变量为指向指针的指针变量。

在前面的内容中已经介绍过，通过指针访问变量称为间接访问。由于指针变量直接指向变量，所以也称为单级间访。如果通过指向指针的指针变量来访问最终变量，则构成了二级或多级间访。C 语言程序设计中对间接访问的级数并未明确限制，但是间接访问级数太多时不仅不容易理解，也更容易出错，因此，一般很少超过二级间访。

指向指针的指针变量的说明形式为

类型说明符　**指针变量名;

例如：

```
int **pp,*p,i;
```

表示 pp 是一个指针变量，它指向另一个指针变量，而这个指针变量指向一个整型量，如图 9-5 所示。

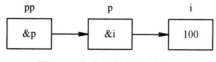

图 9-5　指向指针的指针变量

示例 9.17

```
/*程序功能：指向指针的指针变量的简单应用*/
main()
{   int x,*p,**pp;
    x=10;
    p=&x;
    pp=&p;
    printf("x=%d\n",**pp);
}
```

程序运行结果：

```
x=10
```

说明：本例中，p 是一个指针变量，指向整型量 x；pp 也是一个指针变量，但它指向指针变量 p。通过 pp 变量访问 x 的写法是 **pp。程序最后输出 x 的值为 10。

示例 9.18

```
/*程序功能：利用指向指针的指针变量输出多个字符串*/
main()
{ staticchar *ps[]={ "CHINA","USA","ENGLAND","JAPAN","KOREA"};
    char **pps;
    int i;
    for(i=0;i<5;i++)
    {   pps=ps+i;
        printf("%s\n",*pps);
    }
}
```

说明：本例中首先定义说明了指针数组 ps，并作了初始化赋值，又说明了 pps 是一个指向指针的指针变量。在 5 次循环中，pps 分别取得了 ps[0]、ps[1]、ps[2]、ps[3]、ps[4]的地址值，然后输出该字符串。

9.7　函数的指针和指向函数的指针变量

C 语言中的函数总是占用一段连续的内存区，而函数名就是该函数所占内存区的首地址。我们可以把函数的这个首地址（或称入口地址）赋予一个指针变量，使该指针变量指向该函数，然后通过指针变量就可以找到并调用这个函数。我们把这种指向函数的指针变量称为函数指针变量。

函数指针变量定义的一般形式为：

　　类型说明符　(*指针变量名)();

　　其中，类型说明符表示被指函数的返回值的类型；"(*指针变量名)"表示"*"后面的变量是定义的指针变量；最后的空括号表示指针变量所指的是一个函数。

　　例如：

　　　　int (*pf)();

　　表示 pf 是一个指向函数入口的指针变量，该函数的返回值是整型。

示例 9.19

```
/*程序功能：指向函数的指针变量的简单应用*/
int max(int a,int b)
{   if(a>b)
    return a;
    else
    return b;
}
main()
{   int(*pmax)();
    int x=0,y=0,z;
    pmax=max;
    printf("input two numbers:\n");
    scanf("%d,%d",&x,&y);
    z=(*pmax)(x,y);
    printf("maxmum=%d",z);
}
```

　　程序运行情况：

```
input two numbers:
34,99↙
maxmum=99
```

　　说明：

　　（1）使用函数指针变量的形式调用所指向函数，须先定义函数指针变量，如程序中命令行

　　　　int (*pmax)();

　　定义 pmax 为函数指针变量。

　　（2）函数指针变量的赋值如程序中命令语句"pmax=max;"。

　　（3）使用指针变量形式调用函数的一般形式为

　　　　(*指针变量名) (实参表)

　　例如程序中命令行

　　　　z=(*pmax)(x,y);

　　（4）函数指针变量不能进行算术运算，这是与数组指针变量不同的。数组指针变量加减一个整数可使指针移动并指向后面或前面的数组元素，而函数指针的移动是毫无意义的。

　　（5）利用函数指针变量调用函数时，"(*指针变量名)"两边的括号不可少，其中的"*"不应该理解为求值运算，在此处它只是一种表示符号。

　　（6）函数指针变量和指针型函数这两者在写法和意义上有很大的区别。例如 int(*p)()和 int *p()是两个完全不同的概念。int (*p)()是一个变量说明，说明 p 是一个指向函数入口的指针

变量，该函数的返回值是整型量，(*p)的两边的括号不能少。int *p() 则不是变量说明而是函数说明，说明 p 是一个指针型函数，其返回值是一个指向整型量的指针，*p 两边没有括号。

本章总结

- 指针是指某对象在内存中的地址，如变量的地址。指针变量是指用于存储对象在内存中的地址的变量，即存储指针的变量。
- 使用指针访问数组元素与使用下标访问数组元素的方式一致，下标都是从 0 开始，在当前指针的基础上加 1 表示访问下一个元素，减 1 表示访问上一个元素。
- 字符指针可用于访问字符串或字符数组，访问字符串时，通过最初存储的字符串的首地址逐一访问其他字符，而字符数组存储的是所有的字符，通过下标逐一访问。
- 函数的传参方式分为按值传递和按地址传递。按值传递时，形参的变化不会影响实参的值；按地址传递时，对形参的修改会直接影响实参的值。
- 指向函数的指针包含该函数在内存中的地址,这与数组名实际上是数组第一个元素的内存地址相同，函数名实际上是完成函数任务的代码在内存中的起始地址。

本章作业

1. 编写程序，输入 a 和 b 两个整数，按先大后小的顺序输出 a 和 b。
2. 编写程序，输入 a、b、c 三个整数，按大小顺序输出。
3. 下面的程序的打印结果如何？
   ```
   #include<stdio.h>
   char ref[]={'D','O','L','T'};
   int main(void)
   {
       char *ptr;
       int index;
       for(index=0,ptr=ref;index<4;index++,ptr++)\
       printf("%c %c\n",ref[index],*ptr);
       return 0;
   }
   ```
4. 在上题中，ref 是什么地址？ref+1 呢？++ref 指向哪里？
5. 编写程序，输入 5 个国名并按字母顺序排列后输出。

第10章 枚举和结构体

本章介绍:

在第 8 章中,我们学习了函数,它是一组具有某种功能的代码集合。使用函数可以实现程序的模块化设计,使程序设计简单、直观,提高程序的可读性和可维护性。

编写程序是为了解决生活中出现的实际问题,具体指处理日常生活中产生的一系列数据。在之前的章节中,程序处理的数据仅局限于某一种简单的数据类型,如年龄使用整型描述、姓名使用字符串数组描述。在实际操作中,经常需要处理复杂的数据对象,复杂的事物通常由几种简单的事物组合而成,因此,需要将之前所学习的基本数据类型构造为更复杂的数据类型,以满足解决现实问题的需要。

C 语言不仅支持基本数据类型,而且支持用户自定义的数据类型。本章将讲解 C 语言中两种常用的自定义数据类型: 枚举和结构体。

理论学习内容:

- 枚举
- 结构体

10.1 枚举

10.1.1 枚举简介

日常生活中有很多问题,所描述的状态仅有有限的几个。例如,人的性别只有男、女。比赛的结果只有输、赢,一周的星期只有星期一到星期天等。当程序中处理此类数据时,需要对其进行一些复杂的判断,用于限定其值的有效性,显然这不是一种可行的方式。因此,可以在程序中定义一组常量用于描述一周的星期,例如:

```
# define Monday      1
# define Tuesday     2
# define Wednesday   3
# define Thursday    4
# define Friday      5
# define Saturday    6
# define Sunday      7
```

在程序中处理星期问题时,可使用这些常量表示,既可以保证值的有效性,又可以通过符号替代数字,使用方便且增加了程序的可读性,但是这种描述无法体现出这些常量之间的内在联系,不能作为一个完整的逻辑整体。

在 C 语言中,提供了枚举类型,枚举是为具有一组特定值的变量特别设计的一种自定义数据类型，是一种值类型，其成员由一组逻辑上相关的命名整型常量构成。枚举变量的值只能来源于其定义的枚举成员。

10.1.2　枚举的使用

枚举的使用分为：枚举类型的定义、枚举变量的声明与引用。

枚举类型的定义。

语法：

```
enum 枚举名
{
    枚举成员
};
```

其中：

（1）enum：C 语言中的关键字，用于定义枚举。

（2）枚举名：枚举类型的名称、命名规则与变量命名规则相间，构成枚举名的每个单词的首字母均需大写。

（3）枚举成员：枚举类型中的命名常量，枚举成员之后使用逗号"，"分隔。

（4）枚举类型的定义，见示例 10.1。

示例 10.1

```
enum Days
{ Sunday,Monday,Tuesday,Wednesday,Thursday,Friday,Saturday };
```

注意：应将枚举类型定义在主函数之外。

任意两个枚举成员不能使用相同的名称。

枚举变量的声明与引用。

根据枚举类型的定义，枚举类型主要用于描述特定集合对象，与基本数据类型类似。例如，int 类型描述了-2147483648 到 2147483647 之间所有的数集合，而枚举类型 Days 描述了 Sunday、Monday、Tuesday、Wednesday、Thursday、Friday 和 Saturday 七个常量的集合。因此，枚举变量的使用规则等同于整数变量的使用规则。

语法：

```
枚举名 变量名=枚举名.枚举成员:
```

注意：枚举变量不能随意赋值，必须为其枚举成员之一。

枚举变量的声明和引用见示例 10.2。

示例 10.2

```
enum Days
{
    Sunday,Monday,Tuesday,Wednesday,Thursday,Friday,Saturday
};
void main()
{
    Days today = Days.Monday;
    if(today ==Days.Sunday ||today == Days.Saturday)
        printf("休息日");
```

```
    else
    printf("工作日");
}
```

10.1.3　枚举与整型之间的转换

枚举成员由一组逻辑上相关的命名常量构成，而这些命名常量的默认数据类型为 int。如果在定义枚举类型时，未对枚举类型成员制定对应的整数，编译器将自动为每一个枚举成员设定一个对应的整数，从 0 开始，逐一增加。

枚举类型 Days 描述了七个常量的集合，实际上述七个常量将使用对应的整数 0~6 表示，即枚举类型 Days 描述了 0~6 之间的整数集合。因此，枚举类型可以与整形之间进行类型转换，但是必须使用显示类型转换，见示例 10.3。

示例 10.3

```
enum Days
{
    Sunday,Monday,Tuesday,Wednesday,Thursday,Friday,Saturday
};
main()
{
    //枚举类型转换为整型
    Days today =Days.Monday;
    printf ("Days.Monday 对应的整数：%d",(int)today);
    //整型转换为枚举类型
    Today =(Days)5;
    printf ("今天是%s",today) ;
    //枚举类型与整型之间的运算
    Today++;
    printf("明天是%s",today);
}
```

值得注意的是，不能将任意整数赋值给枚举变量，虽然这样并不会出现错误，但该动作被禁止，因为默认约定的是枚举成员对应的整数之一，将任意的整数赋值给枚举变量很可能会导致错误。

修改示例 10.2 如下：

```
void main()
{
    ……
    //整型转换为枚举类型
    Today = (Days)100;         //将整数 100 转换为 DAYS 类型并赋值给 today
    printf ("今天是%s",today) ;
    //枚举类型与整型之间的运算
    Today++;
    printf( 明天是%s",today);
}
```

此外，在 C 语言中，允许用户手动设置枚举成员所对应的整数值，见示例 10.4。

示例 10.4

```
enum Days
{
    Sunday=7,Monday,Tuesday,Wednesday=2,Thursday,Friday, Saturday
};
void main()
{
    printf（"Sunday:%d",(int)Days.Sunday）;
    printf（"Monday: %d",(int)Days.Monday）;
    printf（"Tuesday: %d",(int)Days.Tuesday）;
    printf（"Wednesday: %d",(int)Days.Wednesday）;
    printf（"Thursday: %d",(int)Days.Thursday）;
    printf（"Friday: %d",(int)Days.Friday）;
    printf（"Saturday: %d",(int)Days.Saturday）;
}
```

可以发现，对于没有设置整数值的枚举成员而言，从第一个没有设置值的枚举成员开始，其值为前一个枚举成员对应的整数值加一。

10.1.4　枚举变量作为函数参数和返回值

枚举类型是一种用户自定义的数据类型，与 int、double 和 float 等相同，均属于 C 语言中支持的数据类型，因此，可将枚举变量作为函数参数和返回值，见示例 10.5。

示例 10.5

```
enum Days
{
    Sunday,Monday,Tuesday,Wednesday,Thursday,Friday,Saturday
};
Days GetNextDays (Days today)
{
    Days tomorrow;
    if (today >= Days.Sunday && today <= Days.Friday)
    tomorrow =today+1;
    else
    tomorrow = (Days)0:
    return tomorrow;
}
void main()
{
    Days today = Days.Saturday;
    Days tomorrow = GetNextDays(today) ;
    printf(" 明天: %s",tomorrow);
}
```

10.2　结构体

10.2.1　结构体简介

在现实生活中，每一类事物都具有多方面特征，如一名学生的信息包括姓名、年龄和成绩等，这些信息不是孤立存在的，它们紧密联系，共同描述学生的基本情况。若要在程序中对这些数据进行处理，该如何存储这些数据呢?

（1）使用数组。学生的信息中包含了不同类型的数据，无法将这些数据存储至数组中，因为数组中存储的数据必须具有相同的数据类型。

（2）使用变量。可以定义若干个不同类型的变量，用于存储学生的基本信息，但由于上述信息在逻辑上属于同一个对象，应作为一个整体处理，使用变量会破坏这些数据在逻辑上的关联。

上述解决问题的方法并不可行，复杂的事物通常由几种简单的事物组合而成，同样在 C 语言中提供了结构体类型，允许用户将不同数据类型的变量组合起来，从而构造为更为复杂的数据类型，以满足解决现实问题的需要。例如，使用以下代码来描述学生对象：

```
struct Student
{
    char name[10];
    int age;
    double score;
};
```

Student 类型即为结构体类型，与简单的数据类型不同，它由三个数据成员（char 数组类型的 name、int 类型的 age，以及 double 类型的 score）构成。当声明 Student 类型的变量时，其数据成员共同描述一个学生的基本信息，这样既可以存储信息，又可以将其作为一个整体进行处理。结构体是一种用户自定义数据类型，用于将一组相关的信息变量组织为单一的变量实体。一个结构体可以由若干个成员变量构成，不同的结构体可以根据需要定义不同的成员变量，当需要描述一些相关信息时，采用结构体非常方便。

10.2.2　结构体的使用

结构体与枚举类似，是一种用户自定义类型，属于值类型。结构体的使用分为：结构体变量的声明、结构体变量的初始化及结构体变量的引用。

1. 结构体的定义

语法：

```
struct 结构体名
{
    成员变量列表;
};
```

其中：

（1）struct：C 语言中的关键字，用于定义结构体。

（2）结构体名：结构体类型的名称，命名规则与变量命名规则相同，构成结构体名的每个单词的首字母均需大写。

（3）成员变量列表：在一对括号"{}"之间，可以由若干个不同类型的成员变量构成，成员变量之间使用分号";"分隔。

Student 类型定义的代码如下：

```
struct Student
{
    char name[10];
    int age;
    double score;
}
```

注意：

- 应将结构体类型定义在主函数之外。
- 不能直接对结构体类型中的成员变量初始化。

2. 结构体变量的声明

语法：

```
结构体名 变量名;
```

Student 类型变量声明代码如下：

```
Student stu;
```

3. 结构体变量的初始化

语法：

```
结构体变量.成员变量=值
```

Student 类型变量初始化代码如下：

```
stu.age =20;
stu.score =87.5;
```

注意： 对结构体变量进行初始化时，必须初始化结构体变量中的所有数据成员，否则，不能使用结构体变量。

4. 结构体变量的引用

结构体变量的引用分为结构体类型成员变量的引用和结构体变量的引用。

（1）结构体类型成员变量的引用

语法：

```
结构体变量.成员变量
```

Student 类型变量中成员变量的引用代码如下：

```
stu.score += 5;//  提分
//显示学生基本信息
printf("学生基本信息: ");
printf("姓名:%s",stu.name);
printf ("年龄:%d",stu.age);
printf ("分数:%f",stu.score);
```

（2）结构体变量的引用

在 C 语言中，允许结构体变量参与运算，但仅提供有限的操作，其中赋值运算符可用于完成结构体变量之间的赋值。

Student 类型变量的引用代码如下：

```
Student s = stu;
printf("第二个学生基本信息");
printf("姓名:%s",s.name）;
printf ("年龄:%d",s.age);
printf ("分数:%f",s.score);
```

关于结构体使用的完整代码，见示例 10.6。

示例 10.6

```
struct student
{
    char name[10];
    int age;
    double score;
};
void main()
{
    Student stu;
    scanf("%s",stu.name);
    stu.age =20;
    stu.score =87.5;
    // 对学生的分数进行提分
    stu.score += 5;
    //显示学生基本信息
    printf("学生基本信息: ");
    printf("姓名:%s",stu.name);
    printf ("年龄:%d",stu.age);
    printf ("分数:%f",stu.score);
    Student s =stu;
    printf("第二个学生基本信息");
    printf("姓名:%s",s.name);
    printf ("年龄:%d",s.age);
    printf ("分数:%f",s.score);
}
```

10.2.3 结构体数组

与基本数据类型相同，结构体定义后除了可以声明结构体变量外，还可以定义结构体数组。结构体数组与基本数据类型的数组定义和元素引用规则完全相同，见示例 10.7。

示例 10.7

```
struct Student
{
    char name[10];
    int age;
    double score;
}
void main()
```

```
{
    int i;
    student stu[3];//定义结构体数组
    //结构体数组的初始化
    for (i=0; i< 3; i++)
    {
        printf(请输入第%d 位学生基本信息。",  i+1);
        printf("姓名： ");
        scanf("%s",stu[i].name);
        printf("年龄： ");
        scanf("%d",&stu[i].age);
        printf("分数： ");
        scanf("%f",&stu[i].score);
    }
    //结构体数组元素的引用
    printf("姓名\t 年龄\t 分数") ;
    for (int i= 0; i< 3; i++)
        printf("%s\t%d\t%f"stu[i].name,stu[i].age,stu[i].score);


}
```

10.2.4　结构体变量作为函数参数和返回值

结构体类型与枚举类型相似，也是一种用户自定义的数据类型，与 int、double 和 float 等相同，均属于 C 语言中支持的数据类型。因此，也可将结构体类型作为函数参数和返回值类型，见示例 10.8。

示例 10.8

```
//定义结构体，存储三门课程的成绩
struct Score{
double chinese;
double math;
double english;
};
//计算三门课程的平均成绩
Score Avg(Score[] scores)
{
    Score avg =scores[0];
    for(int i, i < 3; i++){
    avg.chinese += scores [i].chinese;
    avg.math +=scores [i].math;
    avg.english += scores[i].english;
    }
    avg.chinese/=3;
    avg.math /=3;
    avg.english /=3;
    return avg;
```

```
    }
    void main()
    {
        Score scores[3] ;
        //获取学生成绩
        for (int i=0; i< 3; i++)
        {
            printf(请输入第%d 位学生的三门课程成绩。", i+1);
            printf("语文: ");
            scanf("%f",scores[i].chinese);
            printf("数学: ");
            scanf("%f",scores[i].math);
            printf("英语: ");
            scanf("%f",scores[i].english);
        }
        //调用函数，分别计算三门课程的平均分
        Score avg =Avg(scores) ;
        printf("各门课程平均分统计结果:");
        printf("语文\t 数学\t 英语");
        printf("%.2f\t%.2f\t%.2f",avg.chinese,avg.math,avg.english);
    }
```

本章总结

- 枚举是为具有一组特定值的变量特别设计的一种自定义数组类型，是一种值类型，其成员由一组逻辑上相关的命名整型常量构成。
- 枚举的使用分为：枚举类型的定义、枚举变量的声明和引用。
- 在定义枚举类型时，未对枚举成员指定对应的整数，编译器将自动为每一个枚举成员设定一个对应的整数，从 0 开始，逐一增加。
- 可将枚举变量作为函数参数的返回值。
- 结构体可将一组相关的信息变量组织为单一的变量实体。
- 结构体的使用分为：结构体的定义、结构体变量的声明、结构体变量的初始化及结构体变量的引用。
- 和其他基本数据类型相同，结构体也可以使用数组以及作为函数的参数和返回值类型。

本章作业

1. 请定义如下结构体类型。

（1）图书（书号、书名、作者、出版日期、价格）

（2）工资单（编号、姓名、基本工资）

2. 定义一个包含 20 个学生基本情况（包括学号、姓名、性别、年龄、数学成绩、语文成绩、总成绩）的结构体数组。

（1）输入 20 个学生的学号、姓名、性别、年龄、数学成绩、语文成绩。

（2）求出每位学生的总分，放到成员总成绩中。

（3）分别统计男女生的人数，求出男女生的平均成绩。

（4）按照学生的总成绩从高到低进行排序。

3．填空题。

（1）设有以下定义：

```
struct satype
{ char c;int a;float x;}sa;
```

则 sa 为_____类型的变量，它有_____个成员，对成员 a 的引用方式为_____；表达式 sizeof(sa)的值为_____。

（2）以下程序用于打印三个学生信息中年龄居中者的学生信息，请在括号内填入正确的内容。

```
struct student
{ long num;char name[20];int age;
}stu[]={{10101,"liming",20},{10102,"mali",19},{10103,"damin",21}};
main()
{   int j,max,min;
    max=min=stud[0].age;
    for (j=1; j<3; j++)
    if (stud[j].age>max) _____
    else if (stud[j].age<min _____
    for (j=1;j<3;j++)
    if _____
    {
        printf( " %ld,%s,%d\n " ,stud[j].num,stud[j].name,stud[j].age);
        _____;
    }
}
```

第 11 章　文件

本章简介：

在程序设计开发中，大多数程序都要对文件进行操作。程序运行时，从文件中读取数据，对数据进行处理，把处理好的数据存储到文件中，完成特定的功能。文件的操作是程序设计中一个非常重要的部分。文件的操作主要有打开、关闭、读取和写入，以及对文件的定位等。

本章首先介绍了文件的基本概念，然后着重讲述了文件的读取、写入和定位。

理论学习内容：

● 文件的基本概念
● 掌握文件的打开和关闭操作
● 掌握文件的读写操作
● 理解文件的定位操作

11.1　文件概述

文件是指一组相关联数据的有序集合，文件以文件名来标识。这些数据可以是存储在计算机中具有一定独立功能的程序模块、一组数据或一组文字。例如可执行程序、图片、文本文档等，都可以命名为一个文件存储在计算机中。

在 C 语言中，文件可分为设备文件和普通文件两类。

1. 设备文件

设备文件是指与主机相连的各种外部设备，如显示器、打印机、键盘等。在 C 语言中，把外部设备也当作是一个文件来进行管理，将它们的输入、输出等同于对磁盘文件的读和写。

设备文件主要有标准输入文件（stdin）、标准输出文件（stdout）和标准错误文件（stderr）。标准输出文件对应计算机的显示器，如输出函数 printf()、putchar()等，把数据输出到标准输出文件，也就是在显示器上输出。键盘被定义为标准输入文件，从键盘上输入就意味着从标准输入文件上输入数据。scanf()函数就属于这类输入。标准错误文件用于在程序运行时出现错误，把错误信息输出到显示器上。

2. 普通文件

普通文件是存储在外部介质（如磁盘、光盘等）上的有序数据集，如源程序文件、可执行程序文件、文本文件等。普通文件按编码方式不同可分为二进制文件和文本文件。二进制文件是按数据在内存中的存储形式原样输出到磁盘文件，可执行程序文件都是二进制文件。文本文件是以 ASCII 码方式存放的文件，文件中存放的是字符的 ASCII 码，如扩展名为 TXT 的文件。例如一个整数为 10000，以二进制文件形式存储时，是整型数据，占用 2 个字节；以 ASCII 码文件存储时，分成 5 个字符，即 5 个字节。在记事本查看文件内容时，ASCII 文件能够读懂文件的内容，而二进制文件虽然也可以在屏幕上显示，但是显示的内容不能看懂。

不管哪种文件，在 C 语言中，系统并不区分其类型，都是按数据序列的形式进行处理，这种有序的数据序列可称为流。输入输出流的开始和结束只由程序控制而不受物理符号（如回车符）的控制。因此也把这种文件称作"流式文件"。

在本章中，主要讨论"流式文件"的打开、关闭、读写和定位操作。

11.2　文件指针

在 C 语言中用一个指针变量指向一个文件，这个指针称为文件指针。通过文件指针就可对它所指的文件进行各种操作。

文件指针定义的一般形式为：

　　FILE　*指针变量标识符;

FILE 为系统定义的一个包含文件信息的结构，包括了文件名、文件状态、文件当前读取位置，以及是否到达文件结尾等。FILE 结构在头文件<stdio.h>中定义，所以在使用 FILE 定义文件指针时，一定要在源程序开头处加入 # include <stdio.h>，而且 FILE 应为大写。在编写源程序时，不必太关注 FILE 结构的细节。

例如：

　　FILE *fp;

表示 fp 是指向 FILE 结构的指针变量，通过 fp 即可找到存放某个文件信息的结构变量，然后按结构变量提供的信息找到该文件，实施对文件的操作。习惯上也笼统地把 fp 称为指向一个文件的指针。

11.3　文件的基本操作

11.3.1　文件的打开和关闭

对文件操作需要先把文件打开，操作完成后再关闭文件。打开文件实际上就是获取文件的相关信息，并把文件指针指向要操作的文件，然后才能对文件进行各种操作。关闭文件是断开指针与文件的联系，文件关闭后不能再对其操作，只有重新打开后才能继续操作。

文件的打开和关闭都利用 C 语言库函数来完成，打开和关闭库函数都在<stdio.h>中定义。

1. 文件的打开

文件打开函数的调用的一般形式为：

　　文件指针变量=fopen(文件名,打开方式);

其中，参数"文件名"为字符串，是被打开文件的文件名；参数"打开方式"也是字符串，表示被打开文件的类型和操作要求；fopen 函数的返回值为一指向 FILE 结构的指针，当打开文件失败时，返回值为 NULL。

例如：

　　FILE *fp;
　　fp=fopen("file1.txt","rt");

表示在打开当前目录下的 file1.txt 文件，并且只能 "读" 操作，即只能从文件中读取数据，而不能向文件中写入数据，并把文件指针 fp 指向该文件。

例如：

```
FILE *fp;
fp=fopen("d:\\Cprj\\file1.txt","wt");
```

表示以写操作的方式打开 "d:\\Cprj\\" 目录下的 file1.txt 文件，只能对文件执行 "写" 操作，即只能向文件中写入数据，文件中的原有数据将被覆盖。两个 "\\" 中第一个 "\" 是转义字符，第二个 "\" 是文件目录分隔符。

mode 有下列几种形态字符串：

"t"	只读打开一个文本文件，只允许读数据，该文件必须存在
"wt"	只写打开或建立一个文本文件，只允许写数据
"at"	追加打开一个文本文件，并在文件末尾写数据
"rb"	只读打开一个二进制文件，只允许读数据，该文件必须存在
"wb"	只写打开或建立一个二进制文件，只允许写数据
"ab"	追加打开一个二进制文件，并在文件末尾写数据
"rt+"	读写打开一个文本文件，允许读和写
"wt+"	读写打开或建立一个文本文件，允许读写
"at+"	读写打开一个文本文件，允许读或在文件末追加数据
"rb+"	读写打开一个二进制文件，允许读和写
"wb+"	读写打开或建立一个二进制文件，允许读和写
"ab+"	读写打开一个二进制文件，允许读或在文件末追加数据

对于文件使用方式有以下几点说明：

（1）文件使用方式由 r、w、a、t、b、+六个字符拼成，各字符的含义是：

r（read）：读。

w（write）：写。

a（append）：追加。

t（text）：文本文件，可省略不写。

b（banary）：二进制文件。

+：读和写。

（2）凡用 "r" 打开一个文件时，该文件必须已经存在，且只能从该文件读出。

（3）用 "w" 打开的文件只能向该文件写入。若打开的文件不存在，则以指定的文件名建立该文件，若打开的文件已经存在，则将该文件删去，重建一个新文件。

（4）若要向一个已存在的文件追加新的信息，只能用 "a" 方式打开文件，但此时该文件必须是存在的，否则将会出错。

（5）把一个文本文件读入内存时，要将 ASCII 码转换成二进制码，而把文件以文本方式写入磁盘时，也要把二进制码转换成 ASCII 码，因此文本文件的读写要花费较多的转换时间。对二进制文件的读写不存在这种转换。

在程序开始运行时，系统自动打开三个标准文件：标准输入、标准输出和标准错误。标准输入和标准错误对应于显示器，标准输入对应于键盘。因此，在向显示器输出数据和从键盘输入数据时不用自己打开这三个文件。

2．文件的关闭

文件使用完后应该把它关闭，也就是断开文件指针变量和文件的联系，使指针不再指向该文件，从而防止误操作。文件关闭后，不能再通过该指针对原来的文件进行读写操作，除非再次打开，让指针变量再次指向该文件。

在 C 语言中，用 fclose 函数来关闭文件，fclose 函数调用的一般形式是：

　　　fclose(文件指针变量)

文件指针变量之前已经通过 fopen 函数指向了某个文件，调用 fclose 函数后，文件指针变量将断开与该文件的连接，以释放文件指针以供其他文件使用。因为操作系统一般都限制了一个程序打开的文件数量，所以文件使用后进行关闭是一个良好的编程习惯。

fclose 函数的返回值为整型数据，当顺利执行了关闭操作，返回值为 0，否则为-1。我们可以通过检查返回值来判断文件是否顺利关闭。

例如：

　　　fclose(fp);

表示把文件指针变量 fp 指向的文件关闭。

11.3.2　文件的读写操作函数

文件打开后，可以对文件进行读写，常见的读写函数如下所述。

字符读写函数：fgetc 和 fputc。

字符串读写函数：fgets 和 fputs。

数据块读写函数：fread 和 fwrite。

格式化读写函数：fscanf 和 fprinf。

使用以上函数都要求包含头文件 stdio.h。

在文件读写操作中，文件内部有一个位置指针。用来指向文件的当前读写位置。在文件打开时，该指针总是指向文件的第一个字节。使用字符读写函数后，该位置指针将向后移动一个字节，指向下一个读写字符位置；使用字符串读写函数后，该指针将移向下一个要读写字符串的位置；数据块读写函数和格式化读写函数执行后也如此，所以在文件读写操作时，可以连续读写相应的数据。文件内部的位置指针用以指示文件内部的当前读写位置，每读写一次，该指针均向后移动，它不需要在程序中定义说明，而是由系统自动设置的。

1．fgetc 函数和 fputc 函数

字符读写函数是以字符（字节）为单位的读写函数。每次可从文件读出或向文件写入一个字符。

（1）读字符函数 fgetc

fgetc 函数的功能是从指定的文件中读一个字符，函数调用的形式为：

　　　字符变量=fgetc(文件指针);

例如：

　　　char ch;
　　　ch=fgetc(fp);

表示从文件指针 fp 所指的文件中读取一个字符，并把它赋值给字符变量 ch。

fgetc 函数返回值为从文件中读取的字符，当文件结束时，返回值是文件结束标志 EOF（EOF 的值为-1）。因此，可通过检查函数返回值是否为 EOF 来判断文件是否结束。但这只适用于文本文件的情况，这是因为，文本文件中字符的 ASCII 码值不可能是-1。在二进制文件中，字节的值可以是-1，也就是等于文件结束标志 EOF 的值。因此，我们可以用 ANSI C 提供的 feof 函数来判断文件是否结束。feof 函数的调用形式为：feof(fp)。当文件当前状态为文件结束时，feof 函数的返回值为 1，否则为 0。

注意：feof 函数同样也可用于判断文本文件是否是结束状态。

示例 11.1　从 d 盘根目录下读取文件 c1.txt，并在屏幕上输出。源文件名为 example1.c。

```c
#include "stdio.h"
#include "stdlib.h"
void main()
{
  FILE *fp;
  char ch;
  if((fp=fopen("d:\\c1.txt","rt"))==NULL)
    {
    printf("\nCannot open file strike any key exit!");
    exit(1);
    }
  ch=fgetc(fp);
  while(ch!=EOF)
  {
    putchar(ch);
    ch=fgetc(fp);
  }
  printf("\n");
  fclose(fp);
}
```

本例程序的功能是从文件中逐个读取字符，在屏幕上显示。程序定义了文件指针 fp，以读文本文件方式打开文件"d:\\c1.txt"，并使 fp 指向该文件。如果打开文件出错，就给出提示并退出程序。程序第 12 行先读出一个字符，然后进入循环，只要读出的字符不是文件结束标志（每个文件末有一结束标志 EOF），就把该字符显示在屏幕上，再读入下一字符。每读一次，文件内部的位置指针向后移动一个字符，文件结束时，该指针指向 EOF。执行本程序将显示整个文件。

（2）写字符函数 fputc

fputc 函数的功能是把一个字符写入指定的文件中，函数调用的形式为：

fputc(字符,文件指针);

其中，字符可以是字符常量，也可以是字符变量。例如：

①fputc('c',fp);
②char ch='c';
fputc(ch,fp);

代码①和②都是把字符 c 写入 fp 所指的文件中。

fputc 函数有一个返回值，如果写入成功则返回写入的字符，否则返回一个 EOF，可用此来判断写入是否成功。

示例 11.2　将一个文件中的内容复制到另一个文件中。

```
//fcopy.c
#include<stdio.h>
#include<stdlib.h>
void main()
{
    FILE *in,*out;
    char ch;
    if((in=fopen("d:\\c1.txt","r"))==NULL)
    {
        printf("Cannot open file !");
        exit(1);
    }
    if((out=fopen("d:\\c2.txt","w"))==NULL)
    {
        printf("Cannot open file !");
        exit(1);
    }
    while(!feof(in))
    {
        ch=fgetc(in);
        putchar(ch);
        fputc(ch,out);
    }
    fclose(in);
    fclose(out);
}
```

本例程序的功能是将一个文件 c1.txt 的内容复制到 c2.txt 文件中。程序中定义了两个文件指针 in 和 out，文件指针 in 指向 c1.txt，通过语句 ch=fgetc(in)读取字符放入到字符变量 ch 中，putchar(ch)语句把读取的字符输出到屏幕；文件指针 out 指向文件 c2.txt，通过语句 fputc(ch,out);把字符写入到文件 c2.txt 中。feof(in)判断文件 c1.txt 是否为结束状态，当文件结束时，feof(in)的值为 1，!feof(in)的值为 0，结束循环，不再执行文件读写操作。

2．fgets 函数和 fputs 函数

（1）字符串读函数 fgets

fgets 函数从指定文件中读取一个字符串，函数的一般调用形式为：

　　fgets(字符数组,n,文件指针);

n 是一个正整数，从文件中读取的字符个数为 n-1 个，在读取的字符最后加上字符串结束符'\0'，使得到的字符串长度为 n。把读取的字符串存入字符数组中。例如：

　　fgets(str,n,fp);

表示从文件指针 fp 所指文件中读取 n-1 个字符，加上字符串结束符'\0'后存入字符数组 str 中。

如果在读完 n-1 个字符前遇到换行符或文件结束符 EOF，读取即结束，已读的字符串存入字符数组中。

（2）字符串写函数 fputs

fputs 函数的作用是把一个字符串写入到指定的文件中，函数调用的形式为：

fputs(字符串,文件指针);

其中字符串可以是字符串常量，也可以是字符数组名，或指针变量，例如：

fputs("abcd",fp);

其意义是把字符串"abcd"写入 fp 所指的文件之中，且字符串末尾的结束符'\0'不会写入文件中。如果写入成功，函数返回值为 0；若失败，为 EOF（-1）。

示例 11.3　从键盘输入一个字符串，写入文件。然后读取文件并在屏幕上输出。

```
#include <stdio.h>
#include <stdlib.h>
void main()
{
    char str1[30];
    char str2[30];
    FILE *fp1,*fp2;
    printf("\n 请输入一个字符串\n");
    gets(str1);
    fp1=fopen("d:\\file1.txt","w");
    fputs(str1,fp1);
    fclose(fp1);
    printf("文件内容：\n");
    fp2=fopen("d:\\file1.txt","r");
    while(!feof(fp2))
    {
        fgets(str2,30,fp2);
        printf("%s",str2);

    }
    fclose(fp2);
}
```

本程序中，通过 gets(str1)函数接收键盘输入的字符串，把字符串存入字符数组 str1 中，通过 fputs 函数把字符串写入文件 d:\ file1.txt 中，然后 fgets 函数从文件中读取字符串到字符数组 str2 中，并输出到屏幕上。

3. fread 函数和 fwrite 函数

C 语言还提供了用于整块数据的读写函数。可用来读写一组数据，如一个数组元素，一个结构变量的值等。

（1）读数据块函数 fread

fread 函数调用的一般形式为：

fread (数据指针,数据块的大小,数据块个数,读取文件指针)

其中，数据指针用于存放从文件中读取数据的首地址，可以是指针变量，也可以是数组。数据块大小表示读取数据块的字节数。数据块个数表示每次读取数据块的个数，即执行一次

fread 要读取多少个数据块。

例如：

```
int a[5];
fread(a,sizeof(int),5,fp);
```

表示从文件指针 fp 所指的文件中每次读取 sizeof(int)个字节数，即一个整型数据连续读 5 次，把这 5 个整型数据存入数组 a 中。

（2）写数据块函数 fwrite

fwrite 函数调用的一般形式为：

```
fwrite (数据指针,数据块的大小,数据块个数,写入文件指针)
```

其中，数据指针指向要写入文件数据的首地址，可以是指针或数组。

例如：

```
struct rectangle
{    int length;
     int width;
} rect[4];


/*  结构数组的赋值过程省略    */


fwrite(rect,sizeof(struct rectangle),4,fp);
```

表示每次从结构数组中读取一个数据块，数据块大小为结构体 struct rectangle 的字节数，连续读取 4 次并写入文件中。

示例 11.4　从键盘输入 3 个矩形的左上角和右下角的坐标(x,y)，把它们存入文件中，然后读取并显示在屏幕上。

```
#include <stdio.h>
#include <stdlib.h>
struct rectangle {
    int x1;
    int y1;                    /* 矩形左上角坐标(x1,y1),右下角坐标(x2,y2)*/
    int x2;
    int y2;
    }  rect1[3], rect2[3], *p, *q;
void main()
{
    FILE * fp;
    p=rect1;
    q=rect2;
    if((fp=fopen("d:\\rect.dat","wb+"))==NULL)
    {
        printf("file can't open \n");
        exit(1);
    }
    printf(" input three rectangle \n");
    for(int i=0;i<3;i++)
    {
```

```
            scanf("%d%d%d%d", &p->x1, &p->y1, &p->x2, &p->y2);
            p++;
        }
        p=rect1;
        fwrite(p, sizeof(struct rectangle), 3, fp);
        rewind(fp);              /* 使文件内部指针指向文件开始位置 */
        fread(q, sizeof(struct rectangle), 3, fp);
        for(int i=0;i<3;i++)
        {
            printf("(%d,%d),(%d,%d)\n",q->x1, q-> y1, q->x2, q->y2);
        }
    }
```

本程序定义了一个结构 rectangle，说明了两个结构数组 rect1 和 rect2 以及两个结构指针变量 p 和 q。p 指向 rect1，q 指向 rect2。程序以读写方式打开二进制文件 "rect.dat"，输入三个矩形坐标数据之后，写入该文件中，然后把文件内部位置指针移到文件首，读出三个矩形坐标数据后并在屏幕上显示。

4. 格式化读写函数 fscanf 和 fprintf

以前学过的 printf 函数和 scanf 函数都是格式化输入输出函数，用于输出数据到屏幕和从键盘输入数据。在文件读写函数中，fscanf 函数和 fprintf 函数与它们功能相似，也是格式化读写函数，只是 fscanf 函数和 fprintf 函数读写对象为磁盘文件。

fprintf 函数的一般调用形式如下：

    fprintf(文件指针，格式字符串，输出表列);

其中，文件指针指向写入数据的文件，格式字符串格式与 printf 函数类似，输出列表是要写入文件的数据，格式与 printf 函数一样。

例如：

    fprintf(fp, "%s %d%c\n", str, n, ch);

表示将字符串 str、整数 n，字符 ch 写入文件指针 fp 所指的文件中。

fscanf 函数从文件中读取数据，调用的一般形式如下：

    fscanf(文件指针,格式字符串,输入表列);

其中，文件指针指向读取数据的文件，格式字符串和输入表列与 scanf 函数的一样。

例如：

    fscanf(fp, "%s %d%c\n", str, &n, &ch);

表示从文件中读取一个字符串，一个整型数据和一个字符，分别赋给 str、n 和 ch。

注意：fscanf 函数在读取一个字符串时，字符串中不能有空格，否则的话只读取空格前的那部分字符，就如同 scanf 函数一样。

示例 11.5 从键盘输入两个学生数据，写入一个文件中，再读出这两个学生的数据显示在屏幕上。

```
#include<stdio.h>
#include<stdlib.h>
struct stu
{
    char name[10];
```

```
        int num;
        int age;
    }boya[2],boyb[2],*pp,*qq;
    void main()
    {
        FILE *fp;
        char ch;
        int i;
        pp=boya;
        qq=boyb;
        if((fp=fopen("stu_list","wb+"))==NULL)
        {
            printf("Cannot open file strike any key exit!");
            getchar();
            exit(1);
        }
        printf("\ninput data\n");
        for(i=0;i<2;i++,pp++)
            scanf("%s%d%d",pp->name,&pp->num,&pp->age);
        pp=boya;
        for(i=0;i<2;i++,pp++)
            fprintf(fp,"%s %d %d %s\n",pp->name,pp->num,pp->age);
        rewind(fp);
        for(i=0;i<2;i++,qq++)
            fscanf(fp,"%s %d %d %s\n",qq->name,&qq->num,&qq->age);
        printf("\n\nname\tnumber      age  \n");
        qq=boyb;
        for(i=0;i<2;i++,qq++)
            printf("%s\t%5d    %7d \n",qq->name,qq->num, qq->age);
        fclose(fp);
    }
```

程序中 fscanf 和 fprintf 函数每次只能读写一个结构数组元素，因此采用了循环语句来读写全部数组元素。还要注意指针变量 pp，qq 由于循环改变了它们的值，因此在程序的 25 和 32 行分别对它们重新赋予了数组的首地址。

11.3.3　文件的检测函数

C 语言中常用的文件检测函数有以下几个。

1. 文件结束检测函数 feof 函数

调用格式：

　　feof(文件指针);

功能：判断文件是否处于文件结束位置，如果文件结束，则返回值为 1，否则为 0。二进制文件都要用 feof 函数来判断文件是否为结束状态。

2. 读写文件出错检测函数

ferror 函数调用格式：

ferror(文件指针);

功能：检查文件在用各种输入输出函数进行读写时是否出错。若 ferror 返回值为 0，则表示未出错，否则表示有错。

3. 文件出错标志和文件结束标志置 0 函数

clearerr 函数调用格式：

clearer（文件指针）；

功能：本函数用于清除出错标志和文件结束标志，使它们为 0 值。

11.4 文件的定位

在上一节中文件的读写操作中，文件的读写都是从文件头开始读写，按顺序读取各个数据，这种读写方式称为顺序读写。但在实际但在实际问题中常要求只读写文件中某一指定的部分。这就需要移动文件内部的位置指针到需要读写的位置，再进行读写，这种读写称为随机读写。

实现随机读写的关键是要按要求移动位置指针，这称为文件的定位。

文件的移动文件内部位置指针的函数主要有两个，即 rewind 函数和 fseek 函数。

1. rewind 函数

rewind 函数其调用形式为：

rewind(文件指针);

它的功能是把文件内部的位置指针移到文件首，在例 9.5、例 9.6 中已经用过。

2. fseek 函数

fseek 函数用来移动文件内部位置指针，调用形式为：

fseek(文件指针,位移量,起始点);

其中：

（1）"文件指针"指向被移动的文件。

（2）"位移量"表示移动的字节数，要求位移量是 long 型数据，以便在文件长度大于 64KB 时不会出错。当用常量表示位移量时，要求加后缀"L"。当位移量是正整数时，位置指针向文件尾方向移动，为负整数时，向文件头方向移动。

（3）"起始点"表示从何处开始计算位移量，规定的起始点有三种：文件首、当前位置和文件尾。其表示方法见表 11-1。

表 11-1 起始点的表示方法

起始点	表示符号	数字表示
文件首	SEEK_SET	0
当前位置	SEEK_CUR	1
文件末尾	SEEK_END	2

例如：

fseek(fp,100L,0);

其意义是把位置指针移到离文件首 100 个字节处，其中的 0 也可以用 SEEK_SET 代替，即等价于 fseek(fp,100L,SEEK_SET)。

又如：

  fseek(fp,-100L,SEEK_END);

表示位置指针从文件尾向前移动 100 个字节。

  注意：fseek 函数一般用于二进制文件。因为在文本文件中数据编码由于要进行转换，故往往计算的位置会出现错误。

  示例 11.6 从键盘输入 10 个整型数据，写入文件中，然后读出第 5 个数据。

```
#include <stdio.h>
#include <stdlib.h>
void main()
{
    int num[10];
    int i;
    int number;
    FILE *fp;
    printf(" input 10 integer number\n") ;
    for(i=0;i<10;i++)
        scanf("%d",&num[i]);
    if((fp=fopen("d:\\intdat.data","wb+"))==NULL)
{
    printf("can't open file\n");
    exit(0);
}
fwrite(num,sizeof(int),10,fp);
fseek(fp,4L*sizeof(int),0);        /*位置指针从文件首向后移动 4*sizeof(int)个字节，指向第 5 个整形
                                     数据处*/
fread(&number, sizeof(int),1,fp);
printf("the number =%d\n",number);
}
```

  本例程序中，使用随机读取方式从文件中读取文件中的第 5 个整形数据。程序中以二进制读写方式打开文件，用 fwrite 函数把数组中的 10 个数据写入文件中，"fseek(fp,4*sizeof(int),0); "语句使文件内部位置指针指向第 5 个整形数据位置，语句"fread(&number, sizeof(int),1,fp);"从该位置读取一个整形数据。

  本程序中，fseek 函数也可以改为 fseek(fp,-6L*sizeof(int),SEEK_END)。

11.5 文件应用实例

  示例 11.7 有五个学生，每个学生有 3 门课的成绩，从键盘输入以上数据（包括学生号、姓名、三门课成绩），计算出平均成绩，把原有的数据和计算出的平均分数存放在磁盘文件"stud.dat"中，然后从文件中读取后输出到屏幕。

```
#include <stdio.h>
#include <stdlib.h>
struct student
{   char num[6];                    /*学号*/
    char name[8];
```

```
        int score[3];                      /*学生成绩*/
        float avr;                         /*平均分*/
    } stua[5],stub[5];
    void main()
    {
        int i,j,sum;
        FILE *fp;
        /*输入学生数据*/
        for(i=0;i<5;i++)
        {
            printf("\n please input No. %d score:\n",i);
            printf("stuNo:");
            scanf("%s",stua[i].num);
            printf("name:");
            scanf("%s",stua[i].name);
            sum=0;
            for(j=0;j<3;j++)
            {
                printf("score %d.",j+1);
                scanf("%d",&stua[i].score[j]);
                sum+=stua[i].score[j];
            }
            stua[i].avr=sum/3.0;           /*计算平均分*/
        }
        fp=fopen("stud.dat","wb+");        /*建立二进制文件,以读写方式打开*/
        for(i=0;i<5;i++)
        {
            fwrite(&stua[i],sizeof(struct student),1,fp);   /*写入学生数据*/
        }
        rewind(fp);
        for(i=0;i<5;i++)
        {   fread(&stub[i],sizeof(struct student),1,fp);    /*读取学生数据*/
            printf("stuNo:%sname:%sscore1:%dscore2:%dscore3:%d avr:%f\n",
                stub[i].num,stub[i].name,stub[i].score[0],stub[i].score[1],
                stub[i].score[2],stub[i].avr);
        }
        fclose(fp);
    }
```

本实例程序用结构体 student 表示学生数据,从键盘输入学生数据到结构体数组 stua[5]中,然后调用 fwrite 函数把学生数据写入文件。由于文件为二进制文件,不能由记事本等文本编辑程序打开,所以用 fread 函数读取学生数据到 stub[5]结构数组中并输出到屏幕。在读写操作时,数据块的大小为结构体 student 的字节数,每次读一个学生的数据。

示例 11.8 从键盘输入一个字符串,将小写字母全部转换成大写字母,然后输出到一个磁盘文件"test.txt"中保存。输入的字符串以'!'结束。

```
        #include <stdio.h>
        #include <stdlib.h>
        #include <string.h>
```

```
void main()
{
    FILE *fp;
    char str1[100],str2[100];
    int i=0;
    if((fp=fopen("test.txt","w"))==NULL)
    {
        printf("can not open the file\n");
        exit(0);
    }
    printf("please input a string:\n");
    gets(str1);
    while(str1[i]!='!')
    {
        if(str1[i]>='a'&&str1[i]<='z')
        str1[i]=str1[i]-32;
        fputc(str1[i],fp);
        i++;
    }
    fclose(fp);
    fp=fopen("test.txt","r");
    fgets(str2,strlen(str1),fp);
    printf("%s\n",str2);
    fclose(fp);
}
```

程序通过 fputc 函数把转换后的字符串中的字符逐个写入文件，字符串中的最后一个字符'!'不写入文件，所以文件中的字符个数为键盘输入字符串个数少一个，在从文件中读取字符串时，字符串中没有字符'!'。

本章总结

● 所谓"文件"一般是指存储在外部介质上数据的集合。

● C 语言把文件看作是一个字符（字节）的序列，即由一个个字符（字节）的数据顺序组成。

● 文件根据数据的组织形式，可分为 ASCII 文件和二进制文件。

● 在 C 语言中，没有输入输出语句，对文件的读写都是用库函数来实现的。文件的打开 fopen 函数、文件的关闭 fclose 函数、文件的读写 fprintf 函数和 fscanf 函数、文件的定位 rewind 函数。

本章作业

1. 二进制文件和文本文件有什么不同？
2. 什么是文件指针？它有什么作用？

3．编写一个程序，把两个文本文件的内容合并到第三个文件中。

4．把一个文件的内容追加到另一文件的后面。

5．编写一程序，统计一个文本文件的字符个数。

6．键盘输入一个文件名，能后把键盘上输入的字符依次写入该文件，用'#'作为结束输入的标志。

7．将习题 6 中文件所存的字符读出，按 ASCII 码值的大小进行升序排序后写回文件中。

8．学生信息有学号、姓名和年龄，建立一个文件，存放键盘输入的 3 个学生信息。

9．在习题 8 中所建文件的文件开始处插入一个学生信息，使文件中包含 4 个学生信息。

10．读取习题 8 所建文件中的学生信息，按学生年龄排序后写回文件中。

附录 1　全国计算机等级考试二级 C 语言程序设计大纲

基本要求

1．熟悉 Visual C++集成开发环境。
2．掌握结构化程序设计的方法，具有良好的程序设计风格。
3．掌握程序设计中简单的数据结构和算法并能阅读简单的程序。
4．在 Visual C++集成环境下，能够编写简单的 C 程序，并具有基本的纠错和调试程序的能力。

考试内容

一、C 语言程序的结构

1．程序的构成，main 函数和其他函数。
2．头文件、数据说明、函数的开始和结束标志以及程序中的注释。
3．源程序的书写格式。
4．C 语言的风格。

二、数据类型及其运算

1．C 的数据类型（基本类型、构造类型、指针类型、无值类型）及其定义方法。
2．C 运算符的种类、运算优先级和结合性。
3．不同类型数据间的转换与运算。
4．C 表达式类型（赋值表达式、算术表达式、关系表达式、逻辑表达式、条件表达式、逗号表达式）和求值规则。

三、基本语句

1．表达式语句、空语句和复合语句。
2．输入输出函数的调用，正确输入数据并正确设计输出格式。

四、选择结构程序设计

1．用 if 语句实现选择结构。
2．用 switch 语句实现多分支选择结构。
3．选择结构的嵌套。

五、循环结构程序设计

1．for 循环结构。

2. while 和 do-while 循环结构。

3. continue 语句和 break 语句。

4. 循环的嵌套。

六、数组的定义和引用

1. 一维数组和二维数组的定义、初始化和数组元素的引用。

2. 字符串与字符数组。

七、函数

1. 库函数的正确调用。

2. 函数的定义方法。

3. 函数的类型和返回值。

4. 形式参数与实际参数，参数值的传递。

5. 函数的正确调用、嵌套调用、递归调用。

6. 局部变量和全局变量。

7. 变量的存储类别（自动、静态、寄存器、外部），变量的作用域和生存期。

八、编译预处理

1. 宏定义和调用（不带参数的宏、带参数的宏）。

2. "文件包含"处理。

九、指针

1. 地址与指针变量的概念，地址运算符与间址运算符。

2. 一维、二维数组和字符串的地址以及指向变量、数组、字符串、函数、结构体的指针变量的定义。通过指针引用以上各类型数据。

3. 用指针作函数参数。

4. 返回地址值的函数。

5. 指针数组，指向指针的指针。

十、结构体（即"结构"）与共同体（即"联合"）

1. 用 typedef 说明一个新类型。

2. 结构体和共用体类型数据的定义和成员的引用。

3. 通过结构体构成链表，单向链表的建立，结点数据的输出、删除与插入。

十一、位运算

1. 位运算符的含义和使用。

2. 简单的位运算。

十二、文件操作

只要求缓冲文件系统（即高级磁盘 I/O 系统），对非标准缓冲文件系统（即低级磁盘 I/O 系统）不要求。

1．文件类型指针（FILE 类型指针）。

2．文件的打开与关闭（fopen、fclose）。

3．文件的读写（fputc、fgetc、fputs、fgets、fread、fwrite、fprintf、fscanf 函数的应用），文件的定位（rewind、fseek 函数的应用）。

考试方式

上机考试，考试时长 120 分钟，满分 100 分。

1．题型及分值

单项选择题 40 分（含公共基础知识部分 10 分）。操作题 60 分（包括程序填空题、程序修改题及程序设计题）。

2．考试环境

操作系统：中文版 Windows 7。

开发环境：Microsoft Visual C++ 2010 学习版。

附录 2 ASCII 代码表

字符	十进制	十六进制	字符	十进制	十六进制	字符	十进制	十六进制	字符	十进制	十六进制
nul	0	0x00	(sp)	32	0x20	@	64	0x40	`	96	0x60
soh	1	0x01	!	33	0x21	A	65	0x41	a	97	0x61
stx	2	0x02	"	34	0x22	B	66	0x42	b	98	0x62
etx	3	0x03	#	35	0x23	C	67	0x43	c	99	0x63
eot	4	0x04	$	36	0x24	D	68	0x44	d	100	0x64
enq	5	0x05	%	37	0x25	E	69	0x45	e	101	0x65
ack	6	0x06	&	38	0x26	F	70	0x46	f	102	0x66
bel	7	0x07	'	39	0x27	G	71	0x47	g	103	0x67
bs	8	0x08	(	40	0x28	H	72	0x48	h	104	0x68
ht	9	0x09	)	41	0x29	I	73	0x49	i	105	0x69
nl	10	0x0a	*	42	0x2a	J	74	0x4a	j	106	0x6a
vt	11	0x0b	+	43	0x2b	K	75	0x4b	k	107	0x6b
np	12	0x0c	,	44	0x2c	L	76	0x4c	l	108	0x6c
cr	13	0x0d	-	45	0x2d	M	77	0x4d	m	109	0x6d
so	14	0x0e	.	46	0x2e	N	78	0x4e	n	110	0x6e
si	15	0x0f	/	47	0x2f	O	79	0x4f	o	111	0x6f
dle	16	0x10	0	48	0x30	P	80	0x50	p	112	0x70
dc1	17	0x11	1	49	0x31	Q	81	0x51	q	113	0x71
dc2	18	0x12	2	50	0x32	R	82	0x52	r	114	0x72
dc3	19	0x13	3	51	0x33	S	83	0x53	s	115	0x73
dc4	20	0x14	4	52	0x34	T	84	0x54	t	116	0x74
nak	21	0x15	5	53	0x35	U	85	0x55	u	117	0x75
syn	22	0x16	6	54	0x36	V	86	0x56	v	118	0x76
etb	23	0x17	7	55	0x37	W	87	0x57	w	119	0x77
can	24	0x18	8	56	0x38	X	88	0x58	x	120	0x78
em	25	0x19	9	57	0x39	Y	89	0x59	y	121	0x79
sub	26	0x1a	:	58	0x3a	Z	90	0x5a	z	122	0x7a
esc	27	0x1b	;	59	0x3b	[	91	0x5b	{	123	0x7b
fs	28	0x1c	<	60	0x3c	\	92	0x5c	|	124	0x7c
gs	29	0x1d	=	61	0x3d	]	93	0x5d	}	125	0x7d
rs	30	0x1e	>	62	0x3e	^	94	0x5e	~	126	0x7e
us	31	0x1f	?	63	0x3f	_	95	0x5f	del	127	0x7f

ASCII 代码表中 32 个控制字符的简要说明

nul	空	bs	退一格	dle	数据链换码	can	作废
soh	标题开始	ht	横向列表	dc1	设备控制 1	em	缺纸
stx	正文开始	lf	换行	dc2	设备控制 2	sub	换置
etx	正文结束	vt	垂直制表	dc3	设备控制 3	esc	换码
eot	传输结束	ft	走纸	dc4	设备控制 4	fx	文字分隔符
enq	询问字符	cr	回车	nak	否定	gs	组分隔符
ack	承认	so	移位输出	syn	空转同步	rs	记录分隔符
bel	报警	si	移位输入	etb	信息组传送结束	us	单元分隔符

附录 3　库函数

1. 数学函数

调用数学函数时，要求在源文件中包含以下命令：

    #include<math.h>

函数名	函数原型说明	功能	返回值	说明
abs	int abs(int x)	返回整型参数 x 的绝对值	计算结果	
acos	double acos(double x)	返回 x 的反余弦值	计算结果	x 在-1 到 1 之间
asin	double asin(double x)	返回 x 的反正弦值	计算结果	x 在-1 到 1 之间
atan	double atan(double x)	返回 x 的反正切值	计算结果	
cos	double cos(double x)	返回 x 的余弦值	计算结果	x 为弧度
exp	double exp(double x)	返回指数函数的值	计算结果	
fabs	double fabs(double x)	返回双精度参数 x 的绝对值	计算结果	
floor	double floor(double x)	返回不大于 x 的最大整数	计算结果	
fmod	double fmod(double x)	返回 x/y 的余数	计算结果	
log	double log(double x)	返回 lnx 的值	计算结果	x>0
log10	double log10(double x)	返回 lgx 的值	计算结果	x>0
pow	double pow(double x)	返回 xy 的值	计算结果	
sin	double sin(double x)	返回 x 的正弦值	计算结果	
sqrt	double sqrt(double x)	返回 $\sqrt{x}$ 的值	计算结果	
tan	double tan(double x)	返回 x 的正切值	计算结果	

2. 字符函数和字符串函数

调用字符函数时，要求在源文件中包含头文件 ctype.h；调用字符串函数时，要求在源文件中包含头文件 string.h。

函数名	函数原型声明	功能	返回值
isalnum	int isalnum(int ch)	检查 ch 是否为字母或数字	是，返回 1，否，返回 0
isalpha	int isalpha(int ch)	检查 ch 是否为字母	是，返回 1，否，返回 0
iscntrl	int iscntrl(int ch)	检查 ch 是否为控制字符	是，返回 1，否，返回 0
isdight	int isdight(int ch)	检查 ch 是否为数字	是，返回 1，否，返回 0
isgraph	int isgraph (int ch)	检查 ch 是否为可打印字符（不含空格）	是，返回 1，否，返回 0

函数名	函数原型声明	功能	返回值
islower	int islower (int ch)	检查 ch 是否为小写字母	是，返回 1，否，返回 0
isprint	int isprint (int ch)	检查 ch 是否为可打印字符（含空格）	是，返回 1，否，返回 0
ispunct	int ispunct (int ch)	检查 ch 是否为标点符号	是，返回 1，否，返回 0
isspace	int isspace (int ch)	检查 ch 是否为空格、制表符、换行符	是，返回 1，否，返回 0
issupper	int issupper (int ch)	检查 ch 是否为大小字母	是，返回 1，否，返回 0
isxdight	int isxdight (int ch)	检查 ch 是否为 16 进制数	是，返回 1，否，返回 0
strcat	char strcat(char *dest,const char *src)	将字符串 src 添加到 dest 末尾	dest 所指的地址
strchr	char strchr(const char *s1,const *s2)	返回 s2 在 s1 中第一次出现的位置	返回找到的字符串的地址，找不到返回 NULL
strcmp	int strcmp(const char *s1,const *s2)	比较字符串 s1 与 s2 的大小	返回(s1-s2)的值
strcpy	char strcpy(char *dest,const char *src)	将字符串 src 复制到 dest	dest 所指的地址
strlen	unsigned strlen(const char *s)	返回字符串 s 的长度	字符串中字符的个数
strstr	char strstr(const char *s1,const char *s2)	扫描字符串 s2，并返回第一次出现 s1 的位置	返回找到的字符串的地址，找不到返回 NULL
tolower	int tolower (int ch)	把 ch 中的字母转换为小写字母	返回对应的小写字母
toupper	int toupper (int ch)	把 ch 中的字母转换为大写字母	返回对应的大写字母

3．输入输出函数

调用输入输出函数时，要求在源文件中包含#include<stdio.h>。

函数名	函数原型声明	功能	返回值
clearerr	void clearerr(FILE *fp)	清除文件上的读写错误	无
fclose	int fclose(FILE *fp)	关闭一个文件	出错返回 0，否则返回 -1
feof	int feof(FILE *fp)	检测文件是否结束	结束返回非 0，否则返回 0
fgetc	int fgetc(FILE *fp)	从文件读取一个字符	返回字符，出错返回 EOF
fgets	char *fgets(char *string,int n,FILE *fp)	从文件中读取 n 个字符存入 string 中	返回 string 指针
fopen	FILE *fopen(char *filename,char *type)	以 type 方式打开文件 filename	成功，文件指针，否则 NULL

函数名	函数原型声明	功能	返回值
fprintf	int printf(FILE *fp ,char *format [,argument,…])	以格式化形式将一个字符串输出到指定的文件 fp	实际输出的字符数
fputc	int fputs(int ch, FILE *fp)	将字符 ch 写入文件 fp 中	成功返回字符，否则 EOF
fputs	int fputs(char *string, FILE *fp)	将字符串 string 写入文件 fp 中	成功返回正整数,否则 EOF
fread	int void *ptr,int size,int nitems, FILE *fp)	从文件 fp 中读入 nitems 个长度为 size 的字符串存入 ptr 中	读取的数据个数
fscanf	int fscanf(FILE *fp,char *format [,argument,…)	以格式化形式从文件 fp 中输入一个字符串	输入字符个数,遇到文件结束或出错返回 0
fseek	int fseek(FILE *fp,long offset,int base)	移动文件指针的位置	成功返回当前位置,否则为 0
ftell	long ftell(FILE *fp)	求出 fp 所指文件的当前读写位置	当前位置，出错返回 EOF
fwrite	fwrite(void *ptr,int size,int nitems, FILE *fp)	向文件 fp 中写入 nitems 个长度为 size 的字符串，字符串存在 ptr 中	输出的数据项个数
getc	int getc(FILE *fp)	从文件 fp 中读一个字符	所读字符，出错返回 EOF
getchar	int getchar()	从控制台读一个字符	返回所读字符
gets	char *gets(char *s)	从标准设备读取一行字符串放入 s	返回 s,出错返回 NULL
printf	int printf(char *format[,argument,…])	发送格式化字符串输出给控制台	输出字符的个数
putc	int putc(int ch, FILE *fp))	向文件 fp 写入一个字符	同 fputc
putchar	int putchar()	在控制台显示一个字符	输出字符，错误返回 EOF
puts	int puts(char *string)	向控制台发送字符串 string	返回换行符,错误返回 EOF
rename	int rename(char *oldname,char *newname)	将文件 oldname 的名称改为 newname	成功返回 0, 失败返回 -1
rewind	int rewind(FILE *fp)	将文件指针移到文件开头	无
scanf	int scanf(char *format[,argument…])	从控制台读入数据	输入数据的个数,出错返回 0

4. 动态分配函数和随机函数

调用动态分配函数和随机函数时，要求在源文件中包含#include<stdlib.h>。

函数名	函数原型说明	功能	返回值
calloc	void *calloc(unsigned nelem, unsigned elsize)	分配 nelem 个长度为 elsize 的内存空间	返回所分配内存的指针, 失败返回 0

函数名	函数原型说明	功能	返回值
malloc	void *malloc(unsigned size)	分配 size 个字节的内存空间	同上
free	void *free(void *ptr)	释放 ptr 所指的内存	无
realloc	void *realloc(void *ptr, unsigned newssize)	改变已分配内存的大小	返回所分配好的内存指针
rand	int rand()	产生一个 0 到 32767 的随机整数	返回随机整数

附录 4　运算符及其优先级汇总表

运算类别	运算符	运算符名称	优先级别	同级结合性
强制	( )	类型转换，参数表，函数调用		
下标	[ ]	数组元素的下标	15	自左向右
成员	-> 、.	结构型或共用型成员		
逻辑	!	逻辑非		
位	~	位非		
算术	++ 、--	增1、减1		
指针	& 、*	取地址、取内容	14	自右向左
算术	+ 、-	取正、取负		
长度	sizeof（ ）	数据长度		
算术	*、/、%	乘、除、模	13	
	+、-	加、减	12	
位	<<、>>	左移位、右移位	11	
关系	>=、>、<=、<	大于等于、大于、小于等于、小于	10	
	==、!=	相等、不相等	9	自左向右
位	&	位逻辑与	8	
	^	位逻辑按位加	7	
	!	位逻辑或	6	
逻辑	&&	逻辑与	5	
	||	逻辑或	4	
条件	? :	条件	3	
赋值	=	赋值		
自反赋值	+= 、-=、*=、/=、%=、&=、^=、| =、<<=、>>=	加赋值、减赋值、乘赋值、除赋值、模赋值、位与赋值、位按位加赋值、位或赋值、位左移赋值、位右移赋值	2	自右向左
逗号	,	逗号	1	自左向右

注：优先级的数越大，级别越高。